感谢国家自然科学基金项目（项目编号：71863024）、江西省教育厅科技项目（项目编号：GJJ180948）的支持。

经济管理学术文库 • 经济类

区域经济发展对生态环境及其效率的影响研究：

理论基础与经验证据

Study of the Impact of Regional Economic Development on Ecological Environment and Its Efficiency: Theoretical Basis and Empirical Evidence

贺祥民／著

图书在版编目（CIP）数据

区域经济发展对生态环境及其效率的影响研究：理论基础与经验证据/贺祥民著．—北京：经济管理出版社，2022.6
ISBN 978-7-5096-8444-3

Ⅰ.①区… Ⅱ.①贺… Ⅲ.①区域经济发展—影响—生态环境—研究—中国 Ⅳ.①X321.2

中国版本图书馆 CIP 数据核字(2022)第 087491 号

组稿编辑：郭 飞
责任编辑：郭 飞
责任印制：黄章平
责任校对：王淑卿

出版发行：经济管理出版社
（北京市海淀区北蜂窝 8 号中雅大厦 A 座 11 层 100038）
网 址：www. E-mp. com. cn
电 话：（010）51915602
印 刷：唐山玺诚印务有限公司
经 销：新华书店
开 本：720mm×1000mm/16
印 张：12
字 数：180 千字
版 次：2022 年 6 月第 1 版 2022 年 6 月第 1 次印刷
书 号：ISBN 978-7-5096-8444-3
定 价：88.00 元

前　言

生态环境是人类赖以生存的根本，但是随着人类生产活动的发展，人类的行为必将在一定程度上影响自然环境，反过来，自然环境也会反作用于人类。自改革开放以来，中国国内生产总值保持着前所未有的发展速度。到21世纪初为止，已经实现了翻两番的目标，中国经济取得了令人瞩目的成绩。

在“十一五”（2006～2010年）规划期间，中国政府设定了扭转能源强度增长的目标，将其降低20%，但效果并不明显。2010年8月，国家发展改革委、国家能源局指出，单位GDP能耗增长趋势明显，减排压力非但没有降低，反而增加。在“十二五”（2011～2015年）规划期间，政府再次设定了2015年前能源强度和碳排放强度较2010年分别降低16%和17%的目标。中国正处于城市化、工业化快速发展阶段，能源消费是刚性需求。毫无疑问，这一目标能否实现对中国来说是一个巨大的挑战。

近些年，中国政府提出了高质量发展理念，同时习近平总书记强调既要金山银山，又要绿水青山的生态发展观，这说明中国政府对于生态环境保护的日益重视，中国政府一直致力于寻求平衡经济发展与环境污染之间的关系。然而，节能减排所涉及的问题不仅局限于高耗能行业，也涉及科技创新水平落后和单位产品高能耗等问题。从东中部崛起、西部大开发、东北振兴的差别化区域发展战略来看，中国区域间经济水平、产业结构和资源禀赋存在较大差异。所以政府在实施低碳经济转型过程中，不仅要关注发展的普遍性，还要考虑节能减排的局域异质性。在不破坏各区域环境承载力的前提下，政府要确保经济的稳定增长和经济发展的相对公平已成为政府制定差异化减排政策的重要考虑。这对于制定合理的区域减排政策，恪守国际社会的减排时间表具有重要意义。

本书主要的着眼点在于区域经济发展对生态环境及其效率产生何种及何等程度的影响。逻辑思路是从理论研究再到实证检验，理论研究主要采用的是文献研究方法；实证检验运用了多种统计方法和计量方法相结合进行综合检验。实证检验共分10部分，主要是从区域经济发展对生态环境（或者污染排放）和经济发展对环境效率的影响这两个方面开展研究。实证方法包括系统GMM模型、非线性时变模型、地理加权回归模型、动态门限回归模型、空间动态面板数据模型和空间联立方程等计量方法。

本书将有力地从动态上拓展区域经济发展对生态环境影响的理论及实证研究，为区域经济发展与生态环境及其效率之间的关系提供更深层次的解释。这对于拓展已有文献的研究结论，充实区域经济发展与生态环境之间关系的研究内容均具有重要的理论价值。可以为在中国情境下构建有效的环境政策框架提供理论基础。

感谢为本书写作及出版提供帮助的同事，尤其要感谢硕士研究生熊淼、郑长福、潘素晶，他们有力的助研工作使本书内容更为充实。由于笔者水平有限，加之时间仓促，书中错误和不足之处在所难免，恳请广大读者批评指正。

笔　者

2021 年 9 月

目　录

第1章　绪论

随着中国经济的发展，在生态环境及有限的资源约束下，一个重要的问题就是：持续和持久的经济增长意味着什么？从避免严重的气候变化到阻止生物多样性丧失再到保护生态，中国和全球经济都面临着重大的环境挑战。是否有可能在实现经济增长的同时应对这些挑战也存在争论。

在这种背景下，我们正在面临或者超越环境极限的挑战，如气候变化。受此影响，人们的注意力正日益集中在环境问题上，特别在以下方面：①确保环境资产的可用性以改善民生和促进未来的经济增长。②如何管理导致不利环境因素增长的风险。

生态环境作为生产的直接投入，并且它提供的许多服务在我们经济中发挥着关键作用。如矿物和化石燃料等环境资源直接促进了商品和服务的生产。环境因素为经济活动带来了重要作用，如净化空气和水污染、阻止洪水和土壤污染形成。因此，环境对我们的福祉非常重要。

同时，经济发展对经济体及公民的福祉至关重要——无论是在发达经济体还是在发展中国家。它会刺激技术进步，比如将消费和生产与其环境影响脱钩所需要的技术进步。它是促进其他福祉的重要因素，如改善健康、教育和生活质量。

那么，区域经济发展对生态环境及其效率有什么影响呢？本书主要回答这一重要问题。

1.1 生态环境与经济发展的关系

生态环境在支持经济行为中发挥着重要作用。它的贡献由以下两方面组成：

第一，直接贡献：提供生产产品和服务所需的资源，如水、木材和矿物等。

第二，间接贡献：通过生态系统提供的服务，如碳封存、水净化、洪涝风险管理和养分循环。

因此，不仅对当前，对未来几代人而言，生态资源对确保经济的增长和发展都至关重要。经济增长和环境之间的关系是复杂的。几个不同的驱动因素起了作用，包括经济的规模和产业结构——特别是服务业在 GDP 中相对于第一产业和制造业的份额。

在许多关键的自然资源和生态系统服务稀缺或面临压力的情况下，要实现持续的经济增长，就需要将商品和服务的生产与其环境的影响完全脱钩。这意味着以可持续的方式消耗环境资源——无论是通过提高资源消耗的效率，还是通过采用新的生产技术和产品设计。这还意味着避免突破关键的自然资源门槛，超过这一门槛，自然资源就无法持续利用，也无法再支撑理想的经济活动水平。

虽然经济增长带来了诸多好处，如提高了世界各地的生活水平和生活质量，但它也导致了自然资源的枯竭和生态系统的退化。关于是否有可能在不造成环境持续退化的情况下实现经济增长，人们一直争论不休。越来越多的人意识到，以目前的环境资产耗竭和退化的速度来看，环境不可能无限地持续下去。

例如，人类活动导致大气中二氧化碳的含量增加，意味着世界已经陷入了某种气候变化，并面临着将全球气温上升控制在 2℃以内的重大挑战。在更普遍的环境资源方面，有专家研究发现，在研究审查的 24 个生态系统服务中，有15个正在退化或者不可持续使用，而矿物和金属等自然资源的使用和消费仍在继续加速。

一些人认为地球上有限的资源限制了经济长期持续扩张的程度；另一些人则认为利用可持续的环境资源与持续的经济增长是一致的，不作为的代价可能远远大于现在采取行动的代价。

1.2　如何长期保持经济发展

尽管存在短期衰退和挫折，但在过去的200年里，经济产出的长期趋势无疑是向上的。它导致了就业和收入水平的提高，并仍然是产生必要水平的公共与私人投资的关键驱动因素。在技术和基础设施方面，它们正在帮助经济向低碳和资源效率增长的道路转变。经济增长也为发展中国家提供了改善居民生活质量的机会，同时也提升了他们迎接环境挑战的能力。投资、援助和对发达经济体的进口需求都在全世界支持发展中国家的经济发展中发挥了重要作用。

经济发展包括将不同类型的资本组合起来生产商品和服务。包括：①生产资本，如机械、建筑和道路。②人力资本，如技能和知识。③生态资本，如我们在地球上提取的原材料，森林和土壤提供的碳封存。④社会资本，包括机构和社区内的联系。

生态资本从很多方面均不同于其他类型的资本。资本的某些要素具有临界阈值，超过临界阈值就可能发生突然和剧烈的变化，而有些有其限制。生态资本的变化是不可逆转的；这种变化会影响几代人。因此，在生态资本被用来促进经济增长的同时，也需要得到可持续有效的利用以确保长期运行。这里表现最明显的是不可再生资源，如石油和矿产，但消费的可再生资源，如森林、渔业和生态系统服务，则必须考虑到他们的补给和补充速率以及他们所表现出来的任何临界阈值。

在这种情况下，如何以一种能够长期维持经济增长和繁荣的方式来使用和维持生态资本的可持续发展呢？

资本的形成，无论是被生产出来的、人力的、社会的或是自然的，对经济增长都至关重要。人类社会必须要考虑清楚耗尽它们对于环境资源的真正代价，考虑它们的稀缺性和替代性。一些产出水平下降的自然资源，如矿物和金属，在制造业中是可以被接受的。然而，如果环境资源具有其他类型资本所无法替代的临界阈值，则必须考虑采取干预措施来防止突破这些阈值。

1.3 环境政策在维持经济发展中的作用

环境政策的作用是管理环境资源的提供和利用，从而为当前和今后的经济发展和福利水平提供必要的支撑。为什么需要政府干预来实现这一目标，其中有很多原因。在特定情况下，生态资源供给上的市场失灵意味着在缺少政府干预的情况下，生态资源将被过度使用。这些市场失灵源于生态环境的公共产品特性，生态环境对他人产生影响的外部成本，是难以回收的，并且难以获得企业投资环境研发的全部效益以及失败的信息。

一系列政策可以解决这些市场失灵，包括以下几点：

第一，市场主导的工具，如排放的许可证贸易、垃圾填埋税和支付环境管理费用。

第二，直接管理，如有关水质和车辆排放物的管理。

第三，公共支出和技术项目，如开发泄洪的基础设施、可持续环保产品的公共采购和支持低碳技术如电动汽车等。

第四，提供信息和其他政策，如产品标签政策和提高资源效率措施政策，这些政策可以节省环境和财政开支。

有效的环境政策可能需要使用多种手段，每一种手段处理问题的不同部分，同时避免重复和不必要的管理负担。对环境投入的正确定价有助于管理自然资源的可持续供应和使用。一项连续的环境政策更能确定投资的价值，并且鼓励企业对新技术和创新进行长期投资。

包括基础设施和其他投资的环境政策，可以通过降低环境风险和提高经济抵御风险的能力，降低经济和企业对不利环境事件的脆弱性。例如，不仅要进行有助于减少排放以避免危险的气候变化的投资，还要进行有助于适应因过去、现在排放所造成的气候影响的投资。

环境政策的经济影响取决于其适用的背景、环境影响的性质和严重程度，所选择的政策设计及其影响的部门。如提高企业使用能源、水资源等的利用效率的政策，不仅会带来环境效益，还会为企业节省资金。例如，2007 年，英国的企业通过减少能源、水的使用和产生的废物量来提高资源效率，据统计每年可以节省 64 亿英镑。

普遍来说，对环境资源进行正确定价的政策可能会在短期内提高成本。然而，这需要考虑到这些政策可以鼓励创新和提高资源使用效率。环境政策为企业未来可能面临的政策环境提供了更大的可能性，可以成为创新的强大驱动力。然而，这在短期内产生增长效益则取决于市场价格在多大程度上减少环境的影响。

有一些证据表明，在环境监管和增长（生产率）之间存在短期权衡，但这些影响被发现时都是很小甚至是微不足道的。例如，对欧盟排放交易计划影响的经济模型发现，其对于宏观经济的影响几乎可以忽略不计。

此外，明智的具有成本效益的政策设计可以用来进一步帮助环境政策和经济增长之间的任何短期权衡。这包括以下几点：

第一，考虑实现环境目标的各种手段的最佳组合，从外部性定价到对技术和基础设施投资。

第二，为企业和消费者提供清晰的架构，为他们在现在及将来的经营提供借鉴。

第三，无论从管理成本上还是从政策成本上都要尽量减少对整体经济的负担。

长期而言，为确保自然资产的可持续和有效利用而立即采取行动所增加的成本，很可能小于不采取行动的成本。现在制定正确的激励措施，以转向环境上可持续生产和消费模式，从而可以在一定程度上降低今后带来更为严重代价的可能性。

中国经济发展面临着重大的环境挑战，从避免气候变化到保护至关重要的生态系统。为了有利于人类福祉、促进长期经济增长和保护可持续发展的自然环境，创造一个一致、连贯和有效的环境政策框架至关重要。

这就要求：①了解自然资产功能发生重大变化的关键阈值和潜力。②重视提供和使用环境资源和服务方面的较小变化，并将其纳入经济决定。③研发和投资基础设施来纠正市场失灵，但要确保不会排挤私人投资。④克服行为改变的障碍。

长期来看，转向环境可持续增长道路的好处可能会超过这一转变的成本。然而，在短期内，在保护环境和经济增长之间存在一些均衡，尽管迄今为止的证据表明，这些均衡相对较少。此外，明智的政策设计可以减少短期均衡，可以为消费者提供投资的确定性并将政策成本和行政负担降至最低。

1.4 本书的研究意义

本书的理论意义在于：本书的研究将有力地从动态上拓展区域经济发展对生态环境影响的理论及实证研究，为区域经济发展与生态环境及其效率之间的关系提供更深层次的解释。这对于拓展已有文献的研究结论，充实区域经济发展与生态环境之间关系的研究内容均具有重要的理论价值。可以为在中国情境下促进有效的环境政策框架提供理论基础。

本书的实际意义在于：有助于政府评估目前区域经济发展对生态环境及其效率的影响；在当前以高质量发展为主题的时期，及时出台各项有针对性的政策措施，促进经济绿色发展，落实生态治理观，为子孙后代的可持续发展奠定基础。

1.5 本书的结构

本书包括理论基础部分和实证研究两大部分。第 2 章区域经济发展对生态环境及其效率的影响：理论基础，为理论部分。其余的内容为实证研究部分，包括：第 3 章区域一体化与地区环境污染排放收敛——基于长三角一体化的研究。第 4 章基于非线性时变因子模型的地区环境效率俱乐部收敛分析。第 5 章市场分割降低了地区环境全要素生产率吗——基于地理加权回归模型的实证研究。第 6 章金融发展恶化了环境质量吗——基于 275 个城市的空间动态面板数据模型。第 7 章区域环境创新效率的俱乐部收敛分析——基于非线性时变因子模型。第 8 章工业环境生产率增长及其影响因素——基于江西省的数据。第 9 章经济增长中能源消费与碳排放的预测分析——基于江西省的研究。第 10 章高技术服务业与制造业融合对绿色技术创新效率的非线性影响——基于动态门限回归模型的实证检验。第 11 章地区经济发展对绿色水资源利用效率的非线性影响——以江西省为例。第 12 章消费结构升级与地区绿色创新效率的空间交互溢出效应——基于空间联立方程及动态门限面板模型的实证检验。

第2章　区域经济发展对生态环境及其效率的影响：理论基础

2.1　环境效率的影响因素研究

2.1.1　经济增长与环境效率

在环境效率的影响因素研究中，经济增长备受关注。实证文献较多集中在研究人均收入与环境效率的关系方面。Grossman 等（1991）认为，人均收入与环境效率之间存在着倒 U 型关系，描述成曲线称为环境 Kuznets 曲线。换句话说，一开始，收入增长与环境状况的恶化是一致的，经过拐点后，人均收入的进一步增长将伴随环境绩效的提高。但是关于人均收入拐点值的大小，各方的研究结论尚不统一，Grossman 等（1995）研究认为，拐点应该在 4000 ~ 5000 美元（按 1985 年美元购买力平价）。

后续的许多研究证实了环境 Kuznets 曲线的存在，最典型的研究模式是采用跨国面板数据研究空气污染或水污染与各国人均收入之间的关系（Grossman 等，1995）。研究者还试图研究环境 Kuznets 曲线存在的原因，其中，一种原因认为高质量环境属于“奢侈品”，仅当人们的收入水平较高时，才能享受这一公共服务；另一种原因则认为随着经济发展，国家的经济结构在发生变化，从以农业为主发展到工业为主，再发展到后工业社会，进而发

展到服务业为主的社会，这一变化导致了倒U型曲线的产生，如图2-1所示。

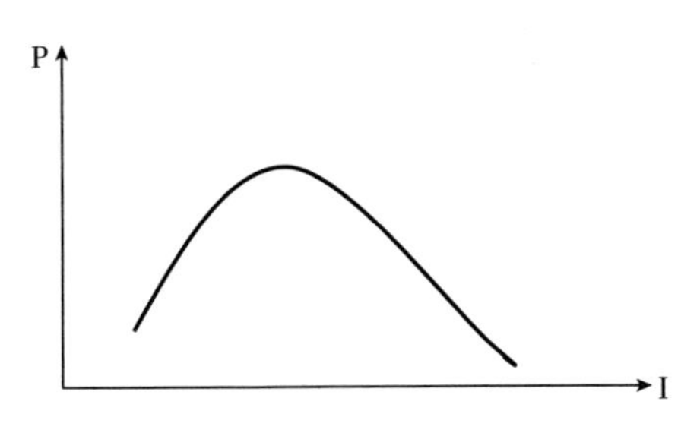

图2-1　环境Kuznets曲线

在环境Kuznets曲线的基础上，有研究者发现了一些更有趣的现象。比如有的研究发现在发展中国家经济发展与环境污染之间存在负相关关系而不是倒U型关系，尤其是在大气污染研究中，这种关系最为突出（Wang等，2005）。一些持批评意见的研究者质疑经济增长在环境绩效影响中的作用，Esty和Porter（2002）在他们研究环境Kuznets曲线过程中发现经济增长与环境绩效的高度相关性，他们建议减贫应该是环境政策制定者要优先解决的问题；但是他们也发现，在相同发展水平的国家其环境绩效的差异性，因此他们认为环境绩效不仅是经济发展的函数，而且还在较大程度上受到政策选择的影响。

由于在分析环境Kuznets曲线时最常用到的工具是比较静态分析，Anderson和Cavendish（2001）认为，由于收入和环境污染都是动态变化的，比较静态分析中环境污染仅依赖于收入，其难以抓住各种因素变化的动态性；因此，他们在分析中使用了动态分析框架，他们认为，改进后的动态框架能够更好地分析收入与政策之间的互动性，也能更好地抓住政策带来的技术进步和替代性对环境的影响。Steger和Egli（2007）使用一个动态的分析框架，发现环境Kuznets曲线不仅是倒U型曲线，也有可能是N型曲线或者是M型曲线。Dasgupta等（2004）在研究收入与环境绩效之间的关系时，加入政府治理和地理脆弱性变量；他们发现，如果加上这些外在的影响变量，收入与环境绩效之间的关系就变得没有那么强烈；而且他们认为，较弱的政府治理水平和较高的地理脆弱性是许多发展中国家空气污染较为严重的原因。

在环境 Kuznets 曲线文献中，被一些研究者抨击较多的问题是数据。在分析经济增长与环境污染的实证文献中，传统的或者说最直接的数据是收集一些环境污染（常用的是 SO_2、CO、COD、SPM、NO）和收入的数据，然后建立横截面或者面板数据模型进行分析。Lieb（2003）认为这些数据本身质量就不高，主要是由于污染数据存在区域和时间变化的差异性，同一个地区各个空间污染水平可能就不同，时间点不同污染水平也不同，所以较可靠的污染数据难以获得。

Stern（2004）认为，已有的许多研究环境 Kuznets 曲线存在性的文献都存在一定的计量缺陷，比如数据中存在的序列相关性、时间序列的随机趋势经常被忽视，只有较少文献考虑了这些问题并将其纳入到误差项中。另外，大部分环境 Kuznets 曲线的研究都建立在假设回归系数是独立同分布基础上倒 U 型结论才能成立，然而这种假设本身就是存在较严重的缺陷的。List 等（2004）也认为常用的研究环境 Kuznets 曲线的实证模型存在如下几个问题：①潜在的联立性偏差。②没有考虑其他能够更好地适合实际情况的计量方式。③没有考虑变量的时间趋势。④多重共线性。⑤收入对环境的影响存在滞后性常被忽视。⑥不同国家之间的异质性可能导致系数的差异没有考虑进估计模型中。

近年来，这个问题在国内也成为学术界研究的热点，李达和王春晓（2007）利用省级面板数据方法发现在 3 种大气污染物与经济增长之间不存在倒 U 型环境库兹涅茨曲线。许广月和宋德勇（2010）利用面板数据对中国东中西部的二氧化碳排放量分别进行了测算，发现倒 U 型的环境库兹涅茨曲线在中东部存在但在西部却不存在。郝宇等（2014）选取中国省级人均能源消费量和人均电力消费量作为环境压力的代理指标，在充分考虑空间效应和严格假设检验的基础上选择合适的空间计量经济学模型对 EKC 进行实证研究。结果表明，我国经济增长与人均能源/电力消费之间确实存在较强的空间

相关性，且人均能源/电力消费与人均 GDP 之间存在倒 N 型的 EKC 关系。

事实上，随着经济增长，环境的改善并不是自动进行的；虽然 GDP 的增长可以强化提高环境质量的需求，并为环境质量提高提供更多有用的资源；但是，如果要切实提高环境质量还必须依赖于政府的政策和政府的投资。

2.1.2　对外开放与环境效率

经济全球化的加速导致了人们对发展中国家环境问题的日益关注，对外开放带来的环境溢出效应吸引了越来越多研究者的目光。在对外开放与环境效率的关系研究中，污染避风港假说（Pollution Haven Hypothesis）最为突出。

污染避风港假说认为，发达国家和发展中国家在环境规制方面存在较大的差异性，发展中国家为了吸引发达国家污染密集型企业的进入，降低本国的环境规制壁垒，从而提高其在吸引外资流入中具备较强的比较优势。长期的发展将会导致发展中国家在污染密集型工业中具有专业化的优势，但相对而言，发达国家的污染密集型工业将会越来越少。

污染避风港假说的潜在假设是环境规制对于产业定位有较强的影响，资本将在两个不同规制水平的国家移动，将从规制强的国家转移到规制弱的国家，进而导致国家工业的专业化。假如污染避风港假说是有效的，那么环境 Kuznets 并不意味着环境污染的减少，环境污染仅是从发达国家转移到了发展中国家。

污染避风港假说实证检验的结论较为复杂，事实上大多数研究结论并不能支持这一假说。Tobey（1990）检验了五个污染密集型产业，他发现环境规制与净出口之间并不存在统计显著性。Jaffe 等（1995）评述了环境规制对制造业企业的影响，他们认为环境规制对企业竞争力并没有显著的影响作用。Dean 等（2005）估计了外资企业在中国的“污染避风港寻求行为”，他们建立了一个 FDI 在各省之间的选址模型（依据各省的环境规制强度）；他们研究发现，如果不考虑工业的污染强度，“污染避风港寻求行为”并不存在明显的证据。

然而，也有一些研究证实了污染避风港假说的存在性。Xing 和 Kolstad（2002）检验了环境污染对污染产业资本移动的影响作用，他们研究发现，美国的污染密集型产业 FDI 正逐步从环境规制强的国家转移到环境规制比较弱的国家。Levinson 等（2002）使用美国的进出口面板数据估计了环境规制对贸易的影响，他们的研究表明，如果将环境规制处理为内生变量，那么美国的环境规制影响到了其贸易模式，在 20 世纪七八十年代，环境规制强度的提高导致了美国在污染密集型产业的产品进口量大增。Elizabeth（2005）对分布于中国的外商直接投资企业进行分析发现，污染密集型行业的外商直接投资企业往往选址在污染治理成本较低的区域，主要在中国的中西部欠发达地区较多。

同时有研究认为，对外开放带来的溢出效应可以在一定程度上提高发展中国家的环境治理水平，从而优化环境质量。利用加纳的企业数据，Cole（2004）分析发现外商直接投资企业通过给员工提供工作培训等途径产生了对能源消耗的正向溢出效应。Antweiler 等（2001）使用阿根廷的企业调查数据，研究发现在阿根廷的外商直接投资对本土企业采用较高绩效的环境管理系统有正向溢出作用，并且该正向溢出是由前后向的关联效应所带来的，且受到本土企业吸收能力的影响。

国内关于这一问题的研究可以分成两种对立的看法，一派认为出口规模扩大对环境产生的负效应超过正效应，即国际贸易恶化了中国的环境。而另一派的看法则支持国际贸易对中国环境影响为正影响，国际贸易改善了中国的环境质量。徐圆和陈亚丽（2014）从技术溢出的角度研究了国际贸易的环境技术效应。基于“生产—污染”一般均衡理论模型，假设当通过国际贸易购买国际先进环保技术以达到国内减排标准时，导致的技术溢出与扩散会对进口国环境规制和污染减排起到正向作用；结果证实了国际前沿环保技术存在对中国的溢出与转移。张宇和蒋殿春（2013）则认为，外资企业的进入同时具备“污染避难所”论和“污染光环”论的双重特征，在引起我国产业结构向高污染行业转移的同时显著促进了当地和其他地区的环保技术应用；FDI 的存在在弱化邻近地区环境监管的同时，对当地的环境监管起到了明显的强化作用。

2.1.3　竞争力、技术创新与环境效率

迈克尔·波特（Porter）在 1991 年首先提出了环境规制影响竞争力和经济增长的理论。他挑战既定的概念，即原来的理论认为严格的环境规制将损害一个地区甚至一个国家的工业竞争力，而波特的理论认为，环境规制反而能够提升地区或者国家的竞争力，该想法被称为波特假设；后人将他的理论应用推广到其他领域中。

波特认为，严格的环境规制将以经济的形式、较好的激励机制引发企业创新，最终可能会增加企业的竞争力，并可能完全抵消遵守规制的成本，进而提升地区竞争力和国家竞争力。迈克尔·波特在 1995 年进一步对波特假设进行了丰富和发展。根据他们的说法，企业并不总是能够在现实中或者环境规制中面对已有的机会和压力来激励创新和进步，这些通过激励而产生的成果可能会超过环境规制带来的成本；同时在环境压力下，企业进行环境技术的创新发展从而得到先发优势。不少经济学家针对波特假设进行了不同程度的研究，并从不同角度提出了不同的意见。Palmer 等（1995）提出为什么在波特假设中，私人部门能比公共部门更能抓住环境规制所带来的创新利益呢？并且他们认为，作为投资者每个企业都有投资到环境友好型项目的选择权，那么他们为什么还是会放弃环境规制低的项目而去选择环境规制较强的项目呢？

很少有实证研究能够找到证据强烈支持波特假设，大多数实证研究并没有发现环境规制显著的负面影响，也并未发现环境规制对竞争力的显著作用，进而改变贸易和投资的模式（Tobey，1990；Jaffe 等，1995）。

使用国家层面的数据，Esty 和 Porter（2002）研究发现，一个国家的环保法规质量与它的竞争力正向相关，但并不能证明两者之间存在任何的因果关系。Managi 等（2005）使用美国离岸在墨西哥的石油和天然气产业数据，证实了波特假设。他们发现，环境规制改善了环境绩效，但找不到波特假说的证据支持，也就是说并没有证实环境规制提升了市场生产率。

进而，有理论认为环境规制与技术创新之间存在一定的双边关系。第一，技术创新的速度和方向影响环境，新技术一方面可以驱动控制和减少环境污染，另一方面也可能产生相反的效果。第二，环境政策的执行也可能改变或促进技术变革的过程，因为环境政策往往包含环保技术的应用。

以往的研究在建模时假定有利于控制污染的技术创新会降低污染治理的边际成本。但是Bauman等（2008）认为一些技术创新反而会提升污染治理的边际成本，他们运用产出距离函数对韩国电力企业二氧化硫处理成本进行了测算，回归的结果支持了这一观点。Brannlund等（2007）的研究也认为技术创新所引致的能源效率的提高在开始会通过减少能源消耗降低碳、硫、氮类空气污染物的排放，但是因为此后商品的真实相对价格会发生改变，能源支出成本更低而真实收入增加，初始的能源节约效应有可能被逆转，这被定义为技术创新的回弹效应。他们采用来自瑞典的数据对此进行了模拟，结论支持了他们的观点。相似地，Lin等（2016）以中国洗衣设备的不同类型为例，说明了在引进国外技术工艺时如果没有仔细地度量当地的传统范式会带来一些意想不到的不良结果。Riahia等（2004）通过在长期“能源—经济—环境”模型中引入学习曲线分析了碳捕捉控制技术的潜力，认为关于技术变迁的假设曲线成为了能源系统在下一个百年的状况的决定性因素，所以长期的技术政策对于减轻气候变迁的不利环境影响意义重大。Pan和Köhler（2007）则认为，目前普遍使用于“气候—经济”模型的学习曲线没有很好地反映能源技术的成本降低趋势，如果采用包含了研发活动的Logistic曲线则与观察到的数据更为吻合。

在此类技术创新的影响因素方面，Costantini和Crespi（2008）采用重力模型对148个国家能源领域的数据进行了分析，认为一国严格的环境管制体系能够推动其技术创新体系的发展，从而形成出口贸易中的技术比较优势。Blanford（2009）的分析认为，能源领域新技术的研发投资策略受研发成功率和成功价值的影响。

2.2　地方政府行为与环境污染排放的关系研究

本节是最接近本书研究主题的文献，其主要包括环境联邦主义和地方政府行为的外部性研究两方面。

2.2.1　环境联邦主义

Bednar（2011）给联邦主义下的定义是“国家是以归属于一个共同的中央政府的半自治的政权系统组成”，“政府的权力分配至不同层级的政府之间”。根据 Oates（1972）等的观点，传统的财政联邦主义理论是关于公共部门职能和财源在不同层级政府间合理分配的理论。从这种意义上来说，环境联邦主义理论可以看作是财政联邦主义理论的一个分支，其要解决的核心问题是：一国的环境管理是应该集权还是应该分权，即是应由中央政府统一管理全国各地的环境事务（设立全国统一的环境标准），地方政府只是起到执行中央命令的作用；还是应由地方政府根据其辖区的具体情况，自主管理本地区的环境事务（各地区设立自己的地方标准），中央政府只负责对全国性的环境事务进行管理。

环境联邦主义的研究文献追根溯源来自 Tiebout（1956），Tiebout 模型强调了权力下放，使辖区居民相互竞争，从而导致行为有效。例如，Revesz（1992）的模型依赖于七个假设。第一，个体可以跨司法管辖区完全自由移动。第二，个人拥有关于所有司法管辖区的属性完美的知识，其中包括“税收征收和提供公共产品和服务的水平”。第三，存在大量的司法辖区。第四，就业不影响个人居住权选择。第五，没有跨区域的外部性。第六，每个管辖范围内都有一个（已知）最优规模，使提供的公共服务的平均成本最小化。第七，辖区在最优规模范围内寻求吸引新居民。

2.2.1.1　Oates 的相关理论

环境联邦主义的文献相当大的比例与 Oates 的工作有关，其基本思想主要见于 Oates（1988，2002a，2002b）、Oates 和 Portney（2001）。在这些环境联邦主义的文献中，环境保护的提供主要与地区偏好、生产成本和其他地方条件有关。

环境联邦主义理论分析中最基本的是先设置污染标准。Oates（2002a）提出了三种不同的常见的三种污染物的例子：第一种环境质量是纯公共物品；第二种环境质量是地方公共物品；第三种环境质量存在地方溢出效应。

典型例子 1：环境质量是纯公共物品。在一个给定的国家中，环境保护为纯公共物品，虽然环境质量（Q）在不同的地方是不一样的，但其是总量排放水平的函数，即有（P）：

$$Q_i = f(P) \tag{2-1}$$

其中，Q 为环境质量，P 为国家总量的排放水平，i 为地区。在这种例子中，主要关系到温室气体[①]和破坏臭氧层[②]的气体。这些气体主要影响气候或者破坏臭氧层，各个地区受到的这些影响不是来自单个地方的排放，而是总量的气体排放；各个地区之间是相互依赖的，每个地方的排放都会影响到其他地区，因此，每个地区的排放都应该受到关注。

典型例子 2：环境质量是地方公共物品。当每个地区环境质量仅仅是地区污染排放量的函数时，那么环境保护就是地方的公共产品，即有：

$$Q_i = f(P_i) \tag{2-2}$$

其中，Q_i 为地区的环境质量，P_i 为地区的排放水平，i 为地区。在这个例子中，仅污染地方的排放主要有：来自发动机的尾气、交通中的物质排放、低空的空气污染及一些水和地表污染等。

典型例子 3：地区间溢出。大多数污染导致的危害不仅依赖于自己本地区的污染排放，而且还受到周围地区的影响。也就是说，每个地区的环境质量水平还依赖于自己及其他地区的环境污染排放水平，即有：

$$Q_i = f(P_1, P_2, \cdots, P_n) \tag{2-3}$$

① 主要指二氧化碳、甲烷、水蒸气、氧化氮等气体。

② 主要是指氯化类气体。

这种污染排放包括：来自工业生产排放的氧化硫，交通工具排放的一氧化碳和氮类气体；另外有农业生产的化肥、农药排放到空气和水域的污染，这些气体、液体或者固体污染物通过运行到达其他地区，从而影响其他地区的环境质量。

在这三个例子中，第三个是最常见的污染物，即污染物不仅污染本地区，而且通过溢出作用，污染其他地区。这事实上也是环境管理中的一个难题。一个地区的政策制定者缺乏应有的激励去关注他们自身的行动对周边地区所施加的环境污染问题。Oates 和 Portney（2001）指出要解决这个问题，必须要使每单位的污染排放成本等于边际外部损害，即有：

$$\sum_i MRS^i_{XQ} = MRT_{XQ} + MCPF \tag{2-4}$$

另外，环境联邦主义的研究者认为，地区合作为解决地区间环境污染溢出问题也提供了一个非常重要的思路和方案。其基本思想就是污染物的溢出作用导致地区经济增长不处于有效水平上，地区之间的贸易活动可能可以通过地区之间的合作进而较为有效地规制这些污染物的溢出活动。通过这些贸易活动将使得污染控制成本少于双方的收益，当然其中的困难是如何设计地区间的合作机制。

2.2.1.2 环境联邦主义理论的拓展研究

环境联邦主义主要在 Tiebout 模型的基础上，将其纳入到环境分析框架从而开展研究。总结起来，其主要从两方面进行拓展：第一，放宽资本和劳动力要素移动的限制条件；第二，考虑个体偏好的异质性问题。

（1）加入资本移动要素的分析。

文献对资本流动与环境影响的研究较多。不仅有许多研究评估税收工业活动的位置的影响，也有很多研究仅集中在环境管制影响工业活动的位置。Jaffe 等（1995）较早就分析了早期美国环境管制对国家层面竞争力的影响。为了衡量竞争力，笔者注重实证研究考察贸易模式、污染密集型行业国内公司和外商直接投资的位置决定。Jaffe 等（1995）研究认为，存在相对较少的证据支持环境规制对地区竞争力有很大的影响。

然而，早期的实证研究存在许多统计问题。比如 Jaffe 等（1995）认为，环境规制本身是一个很复杂的概念，衡量起来比较麻烦，这主要是由于规制不仅与规则的多少有关，而且与规制的强度也同样存在密切的关系。所以早期实证文献大多使用一些代理变量来代理环境规制，从而导致了较严重的估计误差。而且早期的实证文献由于统计工具的问题，使变量之间缺乏令人信服的因果关系解释。

以 Jepppesen 等（2002）为代表的“第二轮”实证研究在 2000 年以后大量展开，这一轮的研究主要集中在通过改进研究工具，设计更为科学的统计方法研究环境规制对地区间工业活动的影响作用。Brunnermeier 和 Levinson（2004）认为，早期的文献基于横截面分析通常发现环境规制对企业位置的决定仅存在微不足道的影响。然而，最近的一些研究使用面板数据来控制变量的异质性，或者使用工具变量法控制变量之间的内生性，研究发现了两者之间存在显著的关系。

其中有部分文献研究了美国环境规制对县级水平资本流动的空间和时间变化的问题。具体来说，从 1972 年开始，美国的每一个县都被指定了应该达到的联邦政府指定的空气排放标准，这种环境规制对各个县的资本流动带来了重要的影响作用。Greenstone（2002）基于 1967 ~ 1987 年 175 万家工厂的数据，从生产的人口普查的角度评估了一氧化碳、臭氧、二氧化硫和总悬浮微粒等污染物对美国每个县的工业生产状况的影响。利用如此丰富的数据，笔者能够识别严厉的环境规制状态对工业状况的影响。结果表明，1972 ~ 1987 年，环境规制严厉的县失去了约 600000 个工作岗位、370 亿美元的资本存量和 750 亿美元的产出。List 等（2003a）使用一种较科学的统计技术分析新工厂的设立，笔者发现环境规制严厉的县的污染密集型行业新企业设立很少，而且大量减少。List 等（2004）进一步研究了新设立工厂的数据，他们将企业区分为内资和外资企业；笔者发现，环境规制在不同的县存在较大的差异，有的县往往将内资企业和外资企业区分较大，对内资企业约束较多，而对于外资企业规制强度相对较低。

另外，有一些实证文献研究了环境规制影响国际贸易和外国直接投资工

业活动的位置模式。Xing 和 Kolstad（2002）使用 1985~1990 年美国在 22 个东道国 6 个制造业的海外直接投资数据，他们利用二氧化硫（SO_2）排放作为环境规制的代理变量，笔者发现东道国更宽松的环境监管（以更高的二氧化硫排放量代理）导致美国投资到两个污染密集型行业（化学物品制造和金属制品制造）的可能性更大。Fredriksson 等（2003）检查了在 1977~1986 年美国 48 个州的环境规制影响外国直接投资的作用。结果显示，环境规制的严格程度对外国直接投资存在显著的影响。

Cole 和 Fredriksson（2009）利用 1982~1992 年 13 个 OECD 国家和 20 个欠发达国家的外国直接投资的数据，代理变量为环保法规允许的汽油含铅量。结果表明，严格的环境规制对外国直接投资的数量有相当大的影响。Millimet 和 Roy（2011）使用计量经济学技术分析了 1977~1994 年外国直接投资在美国 48 个州的投资模式，笔者发现环境规制对外国直接投资选址的不利影响主要存在于污染密集型的化工部门，但并未对制造业的整体 FDI 水平产生影响。

（2）加入劳动力要素的分析。

Long（1991）较早基于 Tiebout（1956）模型考虑了地区间要素移动对环境质量的影响。他研究了美国和其他国家在 20 世纪七八十年代居民流动的实质证据，其流动性简单地定义为改变居住地址，他发现美国排名第二，年居民流动速率为 17.5%（在新西兰之后）和第五年居住迁移率最高为 46.4%（在加拿大和澳大利亚之后）。经进一步检查，大约 60% 的人在同一个县。因此，居民跨越管辖边界迁移程度较低导致对环境质量的影响较小。

Barros（2008a）研究了美国 1900~1987 年的州际移民率，笔者为了分析地区环境设施变量，选择了一个独立的变量即一年中需要加热的平均天数来衡量，这是一种非常粗糙的代理环境设施的方法。尽管如此，笔者发现这是一个非常有意义的决定外来移民进入美国的重要因素。

Banzhaf 和 Walsh（2008）使用更为详尽的空间分解的数据进行研究，笔者使用了 1990~2000 年加州数据；笔者将国家城市地区划分为相互排斥的半英里直径的圆圈。然后他们评估了在这段时间污染和人口变化之间的关系，其结果强烈支持了环境因素在家庭选址中的重要意义。

Konisky 等（2010）研究认为，受过更好教育的人更有可能支持联邦控制大多数环境问题，包括当地社区保护饮用水等问题。总之，与其他发达国家相比，美国的劳动力流动相对较高，大量证据表明，移民迁移选择受环境设施的重要影响。

（3）考虑个体偏好的分析。

Tiebout 框架依赖于个体在社区提供税收和公共产品的不同组合上的偏好差异性。环境联邦制与更一般的财政联邦制都能够较好地反映个体偏好对政策选择及决策的主要影响。实际上，分权化决策的优势依赖于三个因素：①偏好异质性的程度。②存在相同偏好的个体均匀地分布在社区中。③地方政府能比中央政府更好地应对社会群体的偏好。

Elliott 等（1997）使用美国综合社会调查的数据，即由美国国家民意研究中心，分析 1974～1991 年公众对环境支出的态度，笔者发现自由主义、低年龄、女性、非白人、城市地位、教育、收入与环境支出的偏好呈正相关。Israel 和 Levinson（2004）利用 20 世纪 90 年代中期跨越世界价值观调查的 33 个国家数据，与之前的研究一致，笔者发现，低年龄、女性、教育、收入与环境的改善支付意愿呈正相关。Lorenzoni 和 Pidgeon（2006）研究了欧洲观念研究小组收集的在 2002 年 EU15 成员国国民对气候变化的担忧的数据。笔者发现，受访者表示他们“非常担心”气候变化的比例在每个国家是不一样的：荷兰百分比为 21%，而希腊百分比为 64%。当被问及担忧未来的气候变化趋势，回答是“非常担忧”百分比，在荷兰百分比大约为 48%，而在希腊和意大利则约为 85%。因此，对气候变化的关注在国家内部和国家间是存在差异的。

Zabel 和 Kiel（2000）利用美国人口普查局在四个城市（芝加哥、丹佛、费城和华盛顿特区）1974～1991 年的数据估计了家庭层面的边际支付意愿与空气质量及房屋价值之间的关系，笔者并没有找到性别、人种与环境质量之间有意义的联系。Brasington 和 Hite（2005）利用俄亥俄州 6 个大城市的房屋销售数据估计了环境风险对房地产价格的影响，笔者发现环境风险与房地产的价格弹性（收入）之间存在着负相关性。

总之，关于偏好的异质性及其对环境联邦制影响的经验证据是有限的和

不完整的。各国民众之间偏好不同，而在国家内部变化的主要影响因素是民众的收入、教育和所处的行业。虽然经验证据不足，但是 Wilson（1999）指出，地方政府由于对个体的偏好容易观察和把握，因此，他们在决策过程中可能更容易考虑个体偏好的作用，进而影响环境规制的选择。

2.2.2 地方政府行为的外部性研究

由于环境污染排放与地方政府的决策都具有较典型的外部性，因此，许多地区间面临的环境挑战都需要跨地区，甚至需要跨国界进行治理，这需要地区间和国家间共同合作、共同行动。

这方面出现了不少文献评估的跨司法管辖区的溢出效应，事实上大量文献都指出地方政府往往在处理外部性的问题时会出现政府失灵问题，这也常常被作为抨击分权化的主要论据。

2.2.2.1 理论研究

Wilson（1999）将地方政府政策的外部性定义为，一个司法辖区的政策选择对其他地区的政策选择的影响，他又将这种外部性称为财政外部性（Fiscal Externalities）。

Brueckner（2003）提供了一个很好的介绍政府之间战略相互作用的概念框架，他认为这种相互作用可能出现的原因有三：第一，各司法管辖区是为了获得更多的资源而进行竞争。第二，政策导致溢出效应（如在一个司法辖区的跨界污染），将影响其他司法管辖区的决策。第三，选民可以通过地区间的比较来判断决策者的能力，从而创立一个竞争的标准。

地方政府的外部性理论研究主要可以分成地区竞争理论、集体行动理论和政府战略互动理论，而其中地区竞争理论又包括税收竞争理论、逐底竞争理论和逐顶竞争理论。

（1）税收竞争理论。

税收竞争理论中的代表文献有 Tiebout（1956）和 Hoyt（1991），这些文献强调各地区为了获得更多的税收，从而在竞争中脱颖而出，于是各地区将在环境规制上降低标准。Hoyt（1991）的模型表明地区间的税收竞争将在税收率上表现为纳什均衡，这将导致地区公共产品供给和地区经济增长效率的低下。

（2）逐底竞争理论。

逐底竞争理论最早见于一些经济学家、政治学家和法学研究者的文献中，如 Oates 和 Portney（2001）、Levinson 等（2002）。这一理论的主要观点是地区之间的经济竞争，导致地方政府倾向于放松环境标准以吸引资本的进入；进而导致该地区的政治策略朝向降低各种标准，从而获得其他地区所不具有的比较优势。

逐底竞争理论认为一个地区在吸引资本（或者保持原有的资本）的过程中，同时害怕这一投资可能会转移到环境标准更低的地区。如果所有的地区都这样考虑，结果就是环境标准将会不断地降低，最终该标准到达一个确定的终点。

逐底竞争理论的推导较多使用博弈论作为工具，尤其是使用“囚徒困境”模型进行分析。其经常使用的分析思路如下：假设有地区 A 和地区 B，双方都在考虑是否要保持或者降低目前彼此都相同的环境标准。于是，在这种情境下，存在四种可能的情况：第一种情况是地区 A 和地区 B 保持原有的环境标准；第二种情况是地区 A 和地区 B 都降低原有的环境标准；第三种情况是地区 A 保持原有的环境标准，然而地区 B 降低其原有的环境标准；第四种情况是地区 B 保持原有的环境标准，然而地区 A 降低其原有的环境标准。对于每一个地区，其都可以有两种选择，即保持原有的环境标准（M）和降低原有的环境标准（R）。

假如两个地区都保持它们原有的环境标准在同一水平上，策略组合为 MM；或者两个地区都降低原有的环境标准到同一水平，策略组合为 RR。在这两种策略组合下，资本均不会在地区间转移，更不会从其他环境标准更低的地区转移到这两个地区中来。在这两种情况下，由于资本不会转移，对两地区的收益有一定相近的地方，而环境标准保持明显优于降低标准，因此有 MM > RR。另外，在地区竞争过程中，很多地区都想从其他地区吸引更多的资本，从而达成零和博弈。最终的结果是两个地区保持原有的环境标准优于只有一个地区保持原有的环境标准，即 MM > M；一个地区降低环境标准优于两个地区降低环境标准，即 R > RR。

在逐底竞争的情境下，各个地区都为了吸引到更多的经济投资，如果假定各个地区的偏好是相同的，则会有 R > MM > RR > M，这种偏好会典型地导致囚徒困境出现。

从表 2－1 可以看到，如果地区 A 和地区 B 保持它们的环境标准在相同水平下，那么资本并不会在地区之间进行移动，那么各地区获得的收益为 0，收益组合为（0，0）。因为博弈参与每一方都视经济投资的价值高于环境保护的价值，那么假如地区 A 通过降低环境标准以吸引资本从地区 B 转移过来，那么地区 A 将获得 3 单位的收益，而地区 B 获得 2 单位的收益（资本的丧失由获得较高的环境质量而得到补偿）。最后，假如双方都降低环境标准，那么资本并不会转移到对方那去，但是双方都降低了环境质量，收益均为 －1，收益集为（－1，－1）。

表 2－1　逐底竞争博弈模型分析

逐底竞争博弈模型			
		地区 B	
		保持（M）	降低（R）
地区 A	保持（M）	（0，0）	（－2，3）
	降低（R）	（3，－2）	（－1，－1）

在这样的支付结构下，占优策略是地区 A 和地区 B 均降低其环境标准。很明显，如果不考虑其他地区的选择，那么每个地区的最优策略就是降低环境标准从而吸引投资，于是每个地区均这样考虑，最终得到严格占优策略就是囚徒困境的结果，这也就是每个地区均降低环境标准，进行所谓的逐底竞争，环境遭到破坏。与逐底竞争相对应的是逐顶竞争。

（3）逐顶竞争理论。

一些研究者提出，当地方政府在面临经济竞争时，可能产生一种与逐底竞争相反的策略，即可能会加强其环境规制的强度。在这种策略行为的情况下，理论上称之为逐顶竞争。

这种理论中最具代表性的是 Vogel（1995），他提出经济竞争将可能产生更强的（而不是更弱的）环境规制标准。Vogel 推测认为对于许多产业中的私人投资而言，环境规制成本是非常重要的成本。正是由于这个原因，无论是国家还是地方都被迫需要在经济竞争和环境保护之间进行选择，这有可能使有些地方选择更为严厉的环境规制，而并没有使资本逃离这些地区。Vogel 举了一个很典型的例子，对于汽车排放标准，联邦政府和许多州政府在几年中不约而同地选择了更为严厉的环境排放标准，他称之为“加利福尼亚效应”，即“地区间的竞争导致的环境规制标准上升”的现象。

然而，有一些理论解释为什么地区之间尽管有经济竞争，但是地区仍然选择更为严厉的环境规制的原因。一方面，一些地区对高污染产业（比如制造业和采掘业）的投资并不感兴趣，在这些地区，高环境质量被认为是地区所必需的提升百姓福利的重要因素。而且，这些地区会采取各种办法设置更为严格的环境标准，从而将高污染产业拒绝在本地区之外。另一方面，如果一个地区居民由于历史或者文化的原因，居民偏好于环保，那么该地区的官员可能更注重于提高环境规制，为居民提供更为优质的环境质量。另外，这些偏好也能够抵抗住来自商业导向的利益集团等利益群体降低环境标准可能影响群体的作用。

下面可以通过使用博弈论的工具来对问题进行分析：有一个地区政府认为环境质量高于新经济投资的情境。在这种情境下，一个地区对于环境质量竞争的重视要强于经济投资的竞争。假设有两个地区，地区 A 和地区 B，每个政府都有两种策略可供选择：提升环境质量（E）和保持环境质量（M）。各地政府如果同时选择提升环境质量标准将优于各地政府同时选择保持原有的环境质量标准，因为此时经济发展并未受到负面影响，而且能够获得环境上的收益，于是有 EE > MM。一个地方政府选择更严厉的环境标准将优于两个地区同时选择严厉的环境规制，则有 E > EE。而一个地区保持环境标准将劣于两个地区保持原有的环境标准，即 MM > M。因此，策略收益的顺序有 E > EE > MM > M，这对每个地方政府都是相同的。

表 2 - 2 代表了两个地区在这种偏好设置下的支付及收益结构。可以看

到，其中占优策略组合就是两个地区同时提升其环境质量标准。不考虑其他地区的选择，每个地区的占优策略是提升自己的环境标准，其均衡就是每个地区都提升自己的环境质量标准。将两个地区扩大到多个地区，将有同样的情况产生，即每个地区都持续地将其环境标准提升到一个较高的稳定点。

表 2－2　逐顶竞争博弈模型分析

逐顶竞争博弈模型			
		地区 B	
地区 A		提升（E）	保持（M）
	提升（E）	（2，2）	（3，－2）
	保持（M）	（－2，3）	（0，0）

（4）集体行动理论。

一些环境污染物具有较强烈的环境溢出效应，那么对于这些环境污染物的治理必须要地区之间集体合作共同行动，比如跨境的河流治理、大气治理等。而地方保护由于出于自身利益考虑，并不能很好地参与到集体行动中，从而影响到环境绩效。Buckley 等（2006）建立在 Olson 等（1965）和 Mueller 等（1989）基础之上的集体行动模型，从而分析出地方保护导致集体行动不能较好地执行，影响环境效率。

诸如破坏臭氧层之类的大气污染物，它们可以通过环境溢出影响到其他地区，依靠一个地区解决大气污染问题是不可能的；当然让一个地区承担产生大气污染的责任也是不切实际的。因此，集体行动就成为地区之间合作的必然结果，然而，一些原因的存在将导致集体行动不能达到帕累托最优。

（5）政府战略互动理论。

政府之间的战略会产生相互作用性，这一理论被称为政府战略互动理论。目前，已有的政府战略互动模型从大类来分可以分成两种："溢出"模型和"资源流动"模型，虽然这两种模型有不同的结构，但是这些模型都遵循同样的行为关系，有相近的地区间互动函数，一般基于这些函数都能够进行计量分析。

2.2.2.2 实证研究

地方政府政策外部性的实证研究可以大致分成两个方向：第一个方向是直接检验政府分权对污染水平的影响，其主要使用集权水平的时间变化数据进行分析。第二个方向是直接估计所谓的空间反应函数来确定在一个管辖区的政策选择受到其他管辖区的政策选择的影响，这个方向的研究又主要集中检验是否存在逐底竞争或者是否存在逐顶竞争。

政府辖区没有考虑它们的行为对其他司法管辖区环境的数量和质量影响，往往会对其他地区带来非常严重的负面后果。跨界污染是典型例子，一个司法辖区未考虑其行为的全部环境后果的成本，通常而言，空气和水污染影响更甚，其负面影响可能远远超出了一个司法辖区的管辖范围。

Murdoch 等（1997）检验了 20 世纪 80 年代 25 个欧洲国家硫和氮氧化物的排放情况，笔者研究了 1979 年远程跨界空气污染（LRTAP）公约签订后对减少这些类型的排放的影响；他们发现跨地区之间减少硫的排放溢出可能比氮氧化物更容易实现，研究认为氮氧化物要远比硫的排放在地区之间溢出更容易，因此，跨境的环境合作治理势在必行。Kahn（1999）使用来自美国县级数据考察了跨界污染的重要性，他评估了影响一个县的制造业活动对自身以及邻近县的环境总悬浮颗粒物（TSP）浓度的影响。数据来自 1977 年、1982 年和 1987 年，制造业活动虽然跨越时期经历了大幅下降；然而，这种下降趋势中的时空变化允许卡恩评估它对自己和周边县空气质量的影响；结果表明制造业活动对自己及邻近县的空气污染浓度存在较大的影响。

Sigman（2002，2005，2013）研究河流污染为了评估环境污染的跨界溢出效应。Sigman（2002）使用由联合国“全球环境监测系统水质监测项目”获得河流的水质监测站国际数据，该数据包括 49 个国家的 291 条河流的监测站数据，水质测量使用生化需氧量（BOD）；研究发现，河流上游的污染程度更高，通过河水的流动明显影响了下游其他国家的水质。Sigman（2005）使用从美国地质调查数据，该数据来自 1973 ~ 1995 年的 501 个监测站，研究发现河流上游的县对下游的县存在较明显的环境溢出作用。Sigman（2013）在国际层面上继续研究河流的污染水平，他使用 1979 ~ 1999 年 47 个国家数

据；使用两个指标衡量水污染：包括生化需氧量和大肠杆菌含量；与生化需氧量相比，大肠杆菌含量被更多地认为是一种当地的污染物；基于此，Sigman（2013）评估了分权对地区污染水平及环境溢出的影响。

Kahn 等（2013）评估了中国河流污染问题，他们利用一个独特的自然实验，使用 2004 ~ 2010 年的数据，笔者估计了地区内部与边界地区的相对污染程度。从 2005 年开始，中央政府开始监控地方河流以达到化学需氧量（COD）的相关环保目标。河流污染指标是否达到标准已经成为当地官员的政治升迁的重要指标；在 2005 年之前，当地官员几乎没有激励来减少管辖边界附近的河流污染，2005 年之后，河流的污染情况得到一定程度的改善。使用中国七大河流污染的数据，笔者发现，2005 年河流的 COD 水平改变了，边界地区的降幅更大。

List 和 Gerking（2000）利用 1973 ~ 1990 年美国各州之间用于制造业污染减排支出的数据以及各州的二氧化硫和氮氧化物排放数据。他们使用污染减排支出作为各州政府的决策代理变量，在控制了其他治理和排放的潜在决定因素后，笔者发现地方污染减排支出较高的州不仅减少了本地区的污染排放，而且对其他地方的污染以及政府决策都有一定程度的影响。

Millimet 和 List（2003）、Millimet（2003）均使用了与 List 和 Gerking（2000）相同的数据，但是使用了不同的计量方法。与前人不同，Millimet 和 List（2003）比较了各州在里根总统的新联邦政策颁布之前和之后的排放和减排支出情况，这使笔者可能发现这些变量一些更精细的改变，从而找到在 20 世纪 80 年代增加环保支出和减排努力的有力证据。而 Millimet（2003）使用新方法，其允许排放量和减排支出因素在里根总统的新联邦政策的颁布后，随着时间的推移有微分作用，然后测试存在的残差作用。他发现在 20 世纪 80 年代，几乎找不到分权与排放之间存在关联的证据，但分权与减排支出之间存在较稳定的联系。

Bulte 等（2007）检查了与前人研究相类似的命题，但研究者感兴趣的是，各州之间的排放水平是否随着时间的推移出现收敛，而且这种收敛是否在 20 世纪 70 年代出现加速现象。他们用二氧化硫和氮氧化物的数据来衡量污染水平。结果表明，在20世纪70年代之前一些州的排放水平已经开始出现了收敛现象，而在20世纪70年代之后有更多的州出现了收敛现象。研究者认为，这种现象是政府决策的外部性所导致的，尤其是在20世纪70年代，各州之间出现了更多的同质性，这也就说明研究者的结论并没有得出在美国出现逐底竞争。

Potoski（2001）检查了美国的一些州选择是否采用空气质量超过联邦政府要求的标准，数据来自1998年的国家空气污染控制调查。38个州对该项调查做出回应，38个州中有11个州表明该州在6个污染物控制标准中至少有一个，标准超过美国环保局的环境空气质量标准；有8个州报告采用了新源性能标准，其比环境保护署所要求的更严格。因此，他据此认为没有证据表明存在逐底竞争。

Chang等（2014）研究了美国各州申请“授权”在清洁水法案（公告）和资源保护和恢复法案（RCRA）约束下的情况。截至2002年，有45个州申请授权在清洁水法案（公告）约束下，48个州已经授权在恢复法案（RCRA）约束下。笔者发现，各州有更多的“绿色”偏好——其主要目的是为了获得更多的国家参议员和众议员的席位。Chang等（2014）推断，各州采取的是比联邦政府环境政策更严格的环保政策，其主要目的是为了获得政治上的优势。

2.3 文献述评

综合国内外的研究现状可以看到，虽然研究环境效率的影响因素的文献有很多，但是，目前研究环境效率的影响因素主要集中在人均收入、外商直接投资、对外贸易及技术等。人均收入的影响主要可以归结为研究环境库兹涅茨曲线是否成立的问题，外商直接投资的影响主要可以归纳为检验环境污染避风港是否成立的问题；对外贸易及技术可以概括为分析波特假设是否成立的问题，这三个问题已成为环境经济学研究经久不衰的研究命题。然而国

内外对这三个问题的研究结论不尽统一，存在较大的分歧。

虽然国外不乏研究地方政府与环境污染关系的文献，但可以看到这些文献主要分成研究环境联邦主义和地区间外部性的研究。从文献的发展脉络可以看到，环境联邦主义主要与 Oates 的工作有关，其基本思想主要见于 Oates（1988，2002a，2002b）、Oates 和 Portney（2001），其后的研究主要在 Oates 的研究和 Tiebout 模型的基础上，将其纳入到环境分析的框架，从而开展研究。主要从两方面进行拓展：第一，放宽资本和劳动力要素移动的限制条件；第二，考虑个体偏好的异质性问题。不管是如何拓展，环境联邦主义围绕着“一国的环境管理是应该集权还是应该分权”这样的问题开展研究的，即是应由中央政府统一管理全国各地的环境事务（设立全国统一的环境标准）；还是应由地方政府根据其辖区的具体情况，自主管理本地区的环境事务（各地区设立自己的地方标准），中央政府只负责对全国性的环境事务进行管理。

由于环境污染排放与地方政府的决策都具有较典型的外部性，因此，许多地区间面临的环境挑战都需要跨地区，甚至跨国界进行治理，这需要地区间和国家间共同合作、共同行动，由此产生了关于地区间外部性的研究。

目前已有的环境联邦主义和地区间外部性的研究，主要立足于地方政府之间的关系，研究了这种关系对环境污染的影响。但是这些文献的主要研究对象是一些发达国家，尤其是美国。这些研究表明，地方政府与地方政府、地方政府与中央政府之间的关系将影响地区的环境治理及环境排放的状况，尤其是对于一些诸如废气排放和废水排放等能够在空间上溢出的环境污染物，政府之间的关系就非常重要。

而且，我们可以发现，在不同的国家，研究结论存在较大的差异性。比如在美国，地区之间的竞争关系并未能导致逐底竞争，而往往导致逐顶竞争，也就是说，各州出于竞争的需要，可能纷纷采取了比联邦政府更为严格的环保政策，从而导致环境污染朝向更好的一面发展，提高了地区的环境效率。

但是，与美国等发达国家相比，中国是一个正处于经济转型期的发展中国家，发展经济成为大多数地方政府的首要目标。中国的各方面都与美国等发达国家显著不同，因此不能照搬国外的研究结论，有必要在现有国内外研究的基础上进一步考虑国内的现实，研究中国的某些社会现实对区域环境效率的影响。

环境效率作为能同时反映经济发展和环境状况的重要指标，地方政府的相关行为必然会在一定程度上对环境效率产生影响。在进入经济新常态的背景下，深入地研究地方政府的行为对环境效率的影响，对于中央政府采取有效的相关政策措施提升区域环境效率，促进经济的协调发展，具有重要意义。

地方保护这一中国非常重要的社会现实产生的社会根源主要是财政分权和地方政府竞争。在财政分权的背景下，地方政府往往注重自身的利益。出于地区竞争的需要，可能会从利己的角度出发，从而使来自中央政府的某些相关法律法规和制度发生朝向地方政府利益要求的方向发展；这种自身利益的获得可能以损害其他国家或地区的整体利益为代价。比如从引资、产业结构的选择上以及清洁技术的扩散上做出一些不利于环境效率提升的行为；同时环境作为具有显著外部性的公共物品，地方政府很少有动力去关注他们的不作为给周边区域强加的污染成本问题，这可能会导致地方保护影响污染排放，影响环境效率的提高，影响可持续发展。

中国的地方政府竞争会像美国的地方政府那样带来逐顶竞争吗？还是逐底竞争？地方保护对区域环境效率具体的影响机制是什么？其影响效应如何？在东部、中部、西部地区之间有什么差异性？如何消减这种地方保护给区域环境效率带来的负面影响？这些问题的回答一方面有利于进一步认清中国现实制度对经济发展的消极作用；另一方面有利于为提升环境效率提供新的思路。

第3章 区域一体化与地区环境污染排放收敛

——基于长三角一体化的研究

Poncet（2003）认为，中国是一个国内市场一体化程度很低的国家；严重的地方保护和市场分割降低了市场效率，拖累了经济。然而，与此相对应的是，国内某些区域的一体化促进了经济发展，如长三角一体化、珠三角一体化和京津冀一体化等。目前，国内已有关于区域一体化的研究主要集中在研究区域一体化现状及其测度等，如李雪松和孙博文（2013）。研究区域一体化的协调机制，如张利华和徐晓新（2010）。研究区域一体化对经济增长的影响，如徐现祥等（2007）；对市场经济的影响，如张丽亚（2009）；对产业结构的影响，如黄新飞和郑华懋（2010）。

事实上，纵观全球，区域一体化对于加入一体化组织的国家或者地区的作用不仅体现在经济合作上，而且也体现在其他领域，其中环境保护合作是非常重要的一方面。国际上，一些跨国的区域一体化组织在环境合作上表现比较突出。比如北美自由贸易协定，为了能够共同处理一些环境问题，北美自由贸易协定提出了专门附加的北美环境合作协定。为了能够避免国家之间在环境规制方面的逐底竞争，1994 年正式建立起北美环境合作委员会，进一步促进了区域之间的环境治理合作。

对于发达国家，国内市场一体化程度较高，学者主要关注的是国家之间的区域一体化。但是，中国的市场一体化程度较低，研究国内的市场一体化具有重要意义。在环境问题日益严峻的今天，区域一体化对地区间的环境污染排放变化趋势是否有影响呢？对于这一具有重要理论及应用价值的研究命题，国内鲜有关于这方面的研究。我们视长三角区域一体化为自然实验，采用倍差法研究了长三角区域一体化对地区二氧化硫（SO_2）和废水中化学需氧量（COD）排放及其收敛的影响。

3.1 长三角区域一体化与环境污染排放变化趋势的现实

经过改革开放后几十年的高速发展，长三角区域已经成为中国工业发展最快、水平最高的地区之一，然而，工业发展带来了巨大的环境污染问题。事实上，环境合作较早就成为了长三角区域一体化的重要议题。2008 年 12 月，三省份签订了《长江三角洲地区环境保护合作协议》，在提高区域环境准入和污染物排放标准等方面紧密合作，推进长三角环境保护一体化进程。

2013 年 5 月，上海、江苏、浙江、安徽共同签订跨界环境污染事件应急联动工作方案，一旦跨界突发环境事件发生，各省份将共同应对。2014 年 1 月，长三角区域大气污染防治协作机制正式启动，制定了《长三角区域落实大气污染防治行动计划实施细则》，确定了控制煤炭消费总量、加强产业结构调整、防治机动车船污染、强化污染协同减排等六大重点。

在长三角相关省份的共同努力下，经过协同合作，环境污染排放问题得到了一定程度的改善，而且呈现出收敛的态势。下文我们将以二氧化硫（SO_2）及废水中化学需氧量（COD）[①] 为例进行分析，2000 ~ 2012 年上海、江苏、浙江的二氧化硫（SO_2）排放和化学需氧量（COD）的变化趋势可以从图 3 - 1 至图 3 - 4 表现出来。

① 废水中的化学需氧量（COD）从 2011 年起统计口径发生了变化，为了统一，我们将 2011 年、2012 年的废水中的化学需氧量计算公式统一为：化学需氧量（COD） = 工业废水化学需氧量（COD） + 生活废水化学需氧量（COD）。

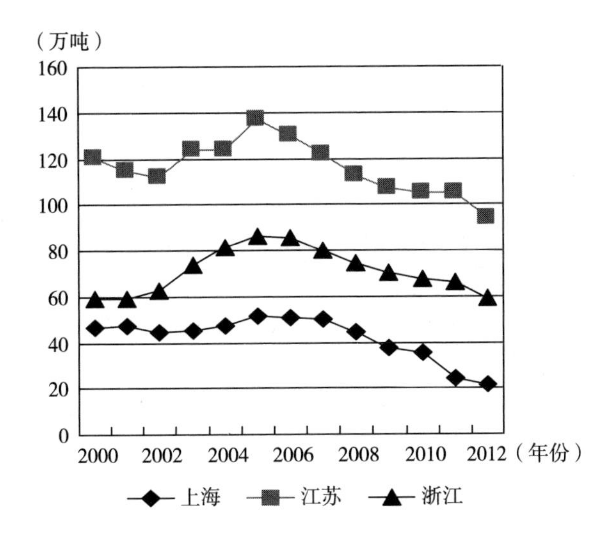

图 3－1　长三角各省份二氧化硫（SO_2）排放总量变化趋势

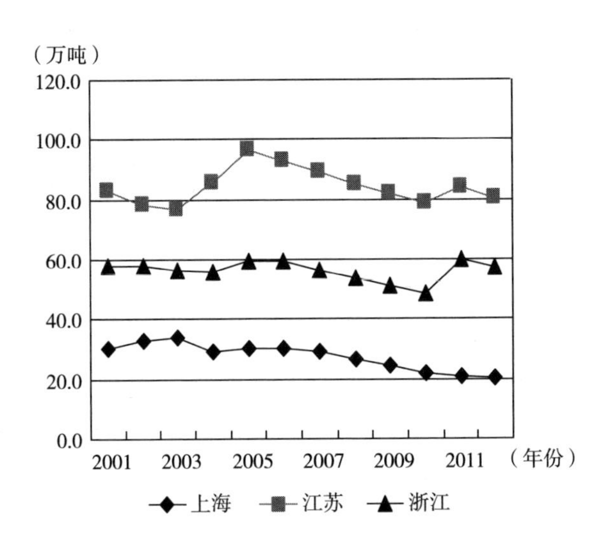

图 3－2　长三角各省份化学需氧量（COD）排放总量变化趋势

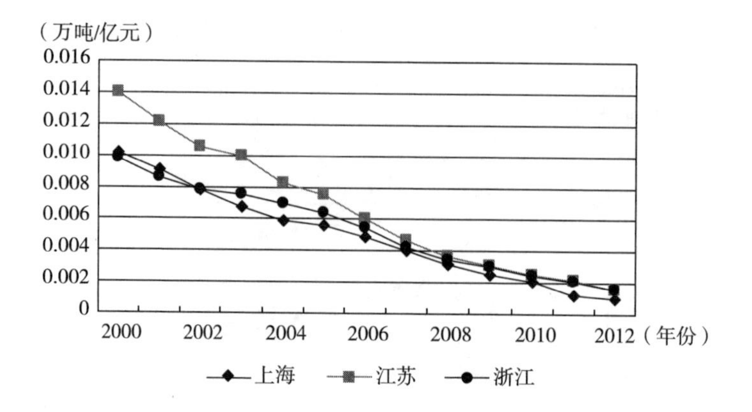

图 3－3　长三角各省份二氧化硫（SO_2）排放强度变化趋势

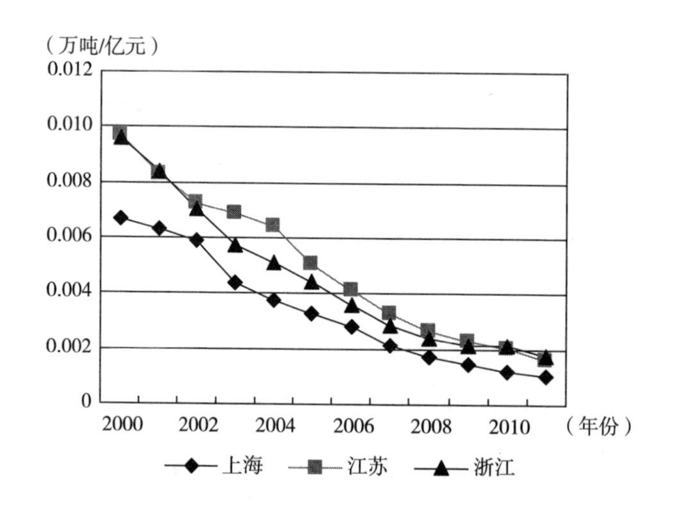

图 3－4　长三角各省份化学需氧量（COD）排放强度变化趋势

从图 3－1 和图 3－2 中可以看到，长三角各省份的 SO_2 和 COD 排放总量整体均呈现出下降的趋势，尤其是上海市的 SO_2 和 COD 排放总量下降趋势最明显；同时，长三角三省份 SO_2 和 COD 排放总量总体表现出收敛的态势。图 3－3和图 3－4 是用各省份各年的 SO_2 和 COD 排放总量与 GDP 的比值衡量的排放强度变化趋势，可以发现三省份的 SO_2 和 COD 排放强度都在逐步下降，下降趋势非常明显且稳定，并且可以发现三省份 SO_2 和 COD 排放强度的

收敛趋势均非常突出；尤其是从2003年开始，SO_2 和COD排放强度的收敛趋势均明显加快。那么很显然，这里存在一个非常重要的问题，就是区域一体化是否促进了这种收敛效应。我们将构建实证模型，收集数据，通过实证检验的方法回应这一问题。

3.2 研究设计

3.2.1 模型构建

构建实证模型研究长三角区域一体化对环境污染排放及其收敛存在的影响作用，Stern（2007）的研究给了我们重要启示，他使用1971~2003年的数据分析了是否加入北美自由贸易协定（NAFTA）导致了墨西哥、美国和加拿大的能源消费和污染排放收敛。他的研究结果表明，确实存在收敛的状况，三个国家之间的强度指标共同朝向较低的水平在发展。

Stern（2007）使用地区之间环境指标的比值对数的绝对值为因变量，如果该因变量有变小的趋势，则认为地区之间的环境指标收敛；否则，如果该绝对值变大则认为地区之间的环境指标发散。本章借鉴这种方法，使用地区之间环境指标的比值对数的绝对值为因变量，从而分析是否存在收敛。与Stern的不同之处在于，一方面，本章立足于一个国家内部的区域一体化，分析省份之间区域一体化对于环境污染排放的影响。另一方面，我们使用自然实验中常用的倍差法克服变量之间的内生性问题，来研究区域一体化对环境污染排放的影响。由于珠三角是一个省份的地级市之间的合作，而京津冀地区区域一体化程度较低，研究的代表性和可靠性都较低；因此，我们主要以长三角区域一体化为代表性自然实验事件，研究区域一体化对环境污染排放的影响。从长三角的发展历程来看，2003年之前，长三角区域一体化程度相对较低；从2003年开始，长三角区域一体化进入较快速的发展阶段，因此为了简化问题，我们以2003年为长三角区域一体化的时间分界点。

倍差法是一种被广泛运用的项目评价方法，其最突出的作用在于其可以用于评估政策或事件对处理对象的影响效应。参照 Baghdadi 等（2013）的方法构建倍差法模型：

$$Y_{ijt} = \left| \ln\left(\frac{EM_{it}}{EM_{jt}}\right) \right| = \beta_0 + \varphi_1 RT_{ijt} + \varphi_2 After_{ijt} + \beta_1 RT_{ijt} \times After_{ijt} + \beta_2 \left| \ln\left(\frac{Pop_{it}}{Pop_{jt}}\right) \right| + \beta_3 \left| \ln\left(\frac{GDP_{it}}{GDP_{jt}}\right) \right| + \beta_4 \left| \ln\left(\frac{IND_{it}}{IND_{jt}}\right) \right| + \beta_5 \left| \ln\left(\frac{Te_{it}}{Te_{jt}}\right) \right| + \beta_6 \left| \ln\left(\frac{Open_{it}}{Open_{jt}}\right) \right| + \varepsilon_{ijt} \tag{3-1}$$

其中，i 和 j 表示不同的省份，t 表示年份；EM 是各省份的环境污染排放，包括 SO_2 和 COD 的排放；本章分别考虑总量指标和强度指标，则 Y_{ijt} 表示 i 省与 j 省之间的 SO_2 和 COD 的排放差距，在模型中对数化，并取绝对值，因此该值为非负数。在模型（3－1）中，两个虚拟变量的设置很重要，如果 i 省与 j 省在长三角区域一体化组织中，那么虚拟变量 $RT_{ijt}=1$，否则 $RT_{ijt}=0$。为简化问题，本章只考虑长三角区域一体化快速发展的 2003 年为界，2003 年之前，虚拟变量 After 赋值为 1；2003 年之后，赋值为 0。因此，我们的处理组是 2004～2012 年长三角三省份，包括上海、江苏和浙江，其他 27 个省份（不包括西藏及港澳台地区，本章下同）为对照组。

在模型（3－1）中，φ_1 反映了处理组环境污染排放差异变动相对于对照组不随时间推移而变化的差异，φ_2 反映了处理组除了加入长三角区域一体化之外其他不随时间推移而变化的影响环境污染排放差异变动因素的影响。模型中最关键的系数是 β_1，该系数衡量了长三角区域一体化对地区间环境污染排放差异的净影响；如果该系数为正，则说明长三角区域一体化扩大了环境污染排放的差异，也就是说长三角区域一体化导致了地区环境污染排放发散；相反，如果该系数为负，则表示长三角区域一体化缩小了地区间环境污染排放差异，即长三角区域一体化导致了地区间环境污染排放收敛。

Grossman 等（1991）等研究污染排放的文献认为，对污染排放规模的分析必须从规模、结构与技术等多角度进行分解分析。因此，本章分别控制规模、结构和技术的影响，即分别控制地区人口总量差异$\left(\left|\ln\left(\frac{Pop_{it}}{Pop_{jt}}\right)\right|\right)$、地区

人均国民生产总值差异$\left(\left|\ln\left(\frac{GDP_{it}}{GDP_{jt}}\right)\right|\right)$、地区产业结构差异$\left(\left|\ln\left(\frac{IND_{it}}{IND_{jt}}\right)\right|\right)$、地区技术水平差异$\left(\left|\ln\left(\frac{Te_{it}}{Te_{jt}}\right)\right|\right)$、地区对外开放水平差异$\left(\left|\ln\left(\frac{Open_{it}}{Open_{jt}}\right)\right|\right)$等变量对环境污染排放差异的影响作用，各变量的差异值在模型（3－1）中均求对数且取绝对值。

为了进一步分析长三角区域一体化对环境污染排放量及排放强度的影响，我们建立绝对数模型（3－2）进行分析：

$$Y_{it} = \ln EM_{it} = \beta_0 + \varphi_1 RT_{it} + \varphi_2 After_{it} + \beta_1 RT_{it} \times After_{it} + \beta_2 \ln Pop_{it} + \beta_3 \ln GDP_{it} + \beta_4 \ln IND_{it} + \beta_5 \ln Te_{it} + \beta_6 \ln Open_{it} + \varepsilon_{ijt} \quad (3-2)$$

其中，因变量Y_{it}表示省份i在t年的SO_2和COD排放量及排放强度的绝对数，并取对数值。如果省份i在长三角区域一体化组织中，那么虚拟变量$RT_{it}=1$，否则$RT_{it}=0$。2003年之前，虚拟变量After赋值为1；2003年之后，赋值为0。其他控制变量为各省份i各控制变量的绝对数。

3.2.2　变量与数据

因变量：二氧化硫（SO_2）和废水中化学需氧量（COD）的排放，我们分别使用总量指标和强度指标，总量指标单位为万吨；强度指标分别用各省份SO_2和COD排放总量与GDP总量的比值衡量，单位为万吨/亿元。

人口总量（Pop_{it}），用于控制人口规模对环境污染排放的影响。

人均GDP（GDP_{it}），用各省份GDP总量与该年该省人口总量的比值衡量，用于控制经济发展水平的影响。

产业结构（IND_{it}），用各省份第二产业增加值占GDP总量的比重来衡量。

技术水平（Te_{it}），用污染治理项目本年度完成投资额指标进行代理；这主要是由于，一般而言，环境污染的治理投入越大，环境污染治理的技术水平就越高，污染排放量就越低，表现为单位经济产出的污染排放量下降。

开放程度（$Open_{it}$），用文献中常用来衡量对外开放程度的指标外贸依存度来测度，即用各省份每年的进出口总量除以 GDP 总值得到。

本章使用的是内地省级层面数据，来自 2000～2012 年的《中国统计年鉴》《中国环境统计年鉴》和各省份的统计年鉴及中经网数据库。

3.3 实证结果

根据计量模型（3－1），我们采用 GLS（广义线性回归）估计方法对模型进行检验，GLS 能够较好地将面板数据的异质性纳入到其中考虑，并且可以降低每一组观测值中误差协方差的约束要求，从而估计结果更为稳健。我们分别使用 SO_2、COD 的排放总量指标相对数和强度指标相对数作为因变量，结果报告如表 3－1 所示。

表 3－1 区域一体化对地区环境污染排放收敛的影响（相对数模型）

变量	因变量：SO_2 排放相对数		因变量：COD 排放相对数	
	总量指标	强度指标	总量指标	强度指标
常数	1.160** (0.036)	0.805* (0.063)	0.533 (0.193)	1.273*** (0.000)
RT_{ijt}	0.007 (0.148)	－0.057* (0.079)	0.008 (0.145)	－0.062** (0.024)
$After_{ijt}$	0.027*** (0.000)	0.003** (0.042)	0.006* (0.060)	0.008** (0.015)
$RT_{ijt} \times After_{ijt}$	－0.018* (0.066)	－0.034** (0.046)	－0.005 (0.395)	－0.041*** (0.000)
$\left\lvert \ln\left(\frac{Pop_{it}}{Pop_{jt}}\right) \right\rvert$	0.004 (0.312)	0.002 (0.188)	0.001 (0.617)	0.003 (0.321)
$\left\lvert \ln\left(\frac{GDP_{it}}{GDP_{jt}}\right) \right\rvert$	0.077* (0.064)	0.007* (0.054)	0.026 (0.281)	0.003** (0.043)
$\left\lvert \ln\left(\frac{IND_{it}}{IND_{jt}}\right) \right\rvert$	0.002 (0.258)	0.003 (0.374)	0.004 (0.105)	0.005 (0.389)

续表

变量	因变量：SO_2 排放相对数		因变量：COD 排放相对数	
	总量指标	强度指标	总量指标	强度指标
$\left\|\ln\left(\frac{Te_{it}}{Te_{jt}}\right)\right\|$	0.036 * (0.058)	0.058 ** (0.045)	0.046 ** (0.032)	0.048 ** (0.039)
$\left\|\ln\left(\frac{Open_{it}}{Open_{jt}}\right)\right\|$	0.004 *** (0.000)	0.003 *** (0.000)	0.002 (0.308)	0.006 *** (0.000)
年份、地区哑变量	有	有	有	有
观测值	390	390	390	390
R^2	0.448	0.505	0.401	0.536

注：括号内为 p 值，*、** 和 *** 分别表示在 10%、5% 和 1% 水平上显著。

在对因变量 SO_2 的排放总量和排放强度估计结果中，可以发现倍差法的关键变量 $RT_{ijt} \times After_{ijt}$ 的系数均为负数，且分别在 10% 和 5% 的水平上显著，系数分别为 -0.018、-0.034。同样地，对于 COD 的排放强度可以发现倍差法的关键变量 $RT_{ijt} \times After_{ijt}$ 的系数在 1% 的水平上显著为负，而对于 COD 的排放总量指标，虽然关键变量的系数不显著，但是系数为负。这一结果证实了前文部分的分析，即 2003 年长三角区域一体化加速后对上海、江苏、浙江三省份的 SO_2 排放总量和排放强度以及 COD 排放强度的地区差异均有显著负向作用，也就是说长三角区域一体化加速促进了三省份 SO_2 和 COD 的排放的收敛；尤其是对于强度指标，这种影响作用更突出。

为了进一步分析长三角区域一体化对地区 SO_2、COD 的排放总量和排放强度整体趋势的影响，我们使用绝对数模型（3-2）对此问题进行研究，结果报告如表 3-2 所示。可以发现倍差法的关键变量 $RT_{it} \times After_{it}$ 的系数均为负数，且均显著；这一结果表明，2003 年长三角区域一体化加速后对上海、江苏、浙江三省份的 SO_2、COD 排放总量和排放强度均产生了显著的负向作用，即长三角区域一体化显著地降低了这三个省份的 SO_2、COD 排放总量和排放强度。

表 3－2 区域一体化对地区环境污染排放收敛的影响（绝对数模型）

变量	因变量：SO_2 排放绝对数		因变量：COD 排放绝对数	
	总量指标	强度指标	总量指标	强度指标
常数	－1.714 （0.247）	－0.863 * （0.082）	0.938 ** （0.037）	－1.247 *** （0.000）
RT_{it}	0.001 （0.511）	0.003 （0.256）	0.002 （0.104）	0.003 （0.135）
$After_{it}$	－0.001 * （0.077）	－0.002 ** （0.031）	－0.001 ** （0.026）	－0.004 ** （0.015）
$RT_{it} \times After_{it}$	－0.016 ** （0.043）	－0.042 ** （0.037）	－0.006 * （0.074）	－0.028 *** （0.000）
$lnPop_{it}$	0.041 （0.355）	0.064 （0.188）	0.025 （0.239）	0.038 （0.100）
$lnGDP_{it}$	－0.009 * （0.051）	－0.033 *** （0.000）	－0.002 *** （0.000）	－0.008 *** （0.000）
$lnIND_{it}$	0.048 * （0.089）	0.001 （0.153）	0.009 *** （0.000）	0.004 *** （0.000）
$lnTe_{it}$	－0.008 *** （0.000）	－0.096 *** （0.000）	－0.014 * （0.062）	－0.025 ** （0.037）
$lnOpen_{it}$	－0.002 ** （0.045）	－0.007 *** （0.000）	－0.004 *** （0.000）	－0.006 *** （0.000）
年份、地区哑变量	有	有	有	有
观测值	390	390	390	390
R^2	0.448	0.480	0.439	0.493

注：括号内为 p 值，*、** 和 *** 分别表示在 10%、5% 和 1% 水平上显著。

综合相对数模型（3－1）和绝对数模型（3－2）的估计结果，可以发现 2003 年长三角区域一体化加速后促进了三省份的 SO_2、COD 排放总量和排放强度的收敛，而且对排放强度收敛的影响作用更突出；并且长三角区域一体化加速后降低了三省份 SO_2、COD 排放总量和排放强度，即 2003 年长三角区域一体化加速导致了三省份出现了 SO_2、COD 排放总量和排放强度的下降式的收敛。

我们认为产生这种现象的原因在于：第一，区域一体化后，地方保护和市场分割的程度下降，地区之间的贸易壁垒被打破，投资更为自由化；地区之间的产业分工更趋合理，资源配置得到优化，企业的内部规模经济和外部规模经济都更容易达到，从而提高了企业的能源使用效率，降低了企业的环境污染排放，尤其表现在污染排放强度上。第二，类似于跨国区域一体化，国内区域一体化也会产生技术效应。首先，地区之间更加紧密的关系和更大的贸易量会导致先进（或者清洁）技术在地区之间产生溢出，尤其是从现代化程度更高的地区向其他地区扩散。其次，区域一体化有利于经济增长和提高居民收入，居民收入的提高导致他们对环境质量有更高的需求，从而影响企业生产和政府的治理技术的提升。最后，区域一体化使原本受地方保护的企业面临更为激烈的市场竞争，这将迫使这些企业不得不选择更先进、更有效的生产技术。第三，更为重要的是，区域一体化后，随着经济的增长和环境问题的日益严峻，地区之间不得不共同面对影响彼此的环境问题。环境污染物是一种具有典型外部性的公共产品，尤其是大气污染和水流污染，地区的边界无法阻挡气流和水流的流动，从而在区域之间产生了强烈的外部作用，跨区域的环境合作是治理的必然之路。区域一体化可以更好地实现环境保护的合作，地区之间的环境规制措施及相关条款将会趋向于协调一致，从而导致污染排放的下降式收敛。

3.4 结论与政策建议

在环境问题日益严峻的今天，区域一体化对地区间的环境污染排放变化趋势是否有影响呢？我们视长三角区域一体化为自然实验，采用倍差法研究了2003年长三角区域一体化加速对地区 SO_2、COD 排放及其收敛趋势的影响。我们在实证中使用了相对数模型和绝对数模型，研究发现，2003年长三角区域一体化加速后促进了上海、江苏、浙江三省份 SO_2、COD 排放总量和排放强度的收敛，而且对排放强度收敛的影响作用更突出；并且长三角区域一体化加速后降低了三省份 SO_2、COD 排放总量和排放强度，即 2003 年长三角区域一体化加速导致了三省份出现了 SO_2、COD 排放总量和排放强度的下降式收敛。

本部分的研究得到如下政策建议：①继续推进区域一体化进程，巩固和发展现有的一批一体化发展较好的长三角、珠三角、京津冀等区域。对于具有一定基础的一体化区域，政府要继续加强政策扶持，促进这些地区深化合作。对于有条件发展成为一体化的区域，政府要加以引导，通过牵线搭桥，创造一体化的政策环境，促成区域一体化的形成及发展。②对于一体化区域，要加强统一市场的建设，促进人流、资金流、技术在地区之间的流动，发挥市场对资源配置的决定性作用。③在加强经济等领域合作的同时，要加强区域一体化地方政府间环境治理的合作。很多跨区域的环境污染需要政府合作共同治理才能达成有效性。首先要构建较完善的相关法律体系，这种合作的法制体系可以从两个方面着手：第一，要从较高的立法层面制定能促进地方政府合作的相关法律法规。一方面这些法律法规要能够达到打破行政垄断和地方保护的目的，另一方面要能够通过法律划分和规范地方政府的相关权限和责任。第二，继续完善地区间环境污染治理的法律法规体系。通过努力，在《宪法》和《环境保护法》的基础之上，通过制定较完备的区域污染防治的法律法规，进而真正构建起跨区域的污染治理法律体系。要积极构建区域一体化内地方政府间的合作行政机制，采取措施促使地方政府关系发生转变。

第4章　基于非线性时变因子模型的地区环境效率俱乐部收敛分析

近些年，国内外出现了大量关于生态和环境问题的研究成果，其中生态及环境效率的研究是热点。中国是一个地区间差异较大的国家，地区之间的环境、生态的演化路径存在突出的异质性，因此，有必要研究地区间生态及环境效率的演化发展趋势问题，这对于认清中国环境的变化状况有着重要的意义。但是，国内已有的研究地区环境效率收敛趋势的文献并未考虑环境效率在地区间存在的时变特征，比如地区环境效率之间存在着的短期发散、长期收敛的性质；从而使估计结果存在一定的偏误。本章在使用随机前沿估计的双曲线距离函数方法测度省份层面的环境效率的基础上，使用了较新的由Phillips和Sul（2007）提出更适合环境变量分析的非线性时变因子，模型克服了已有文献的缺陷，抓住了地区间存在的时变特征，从而更好地考察了地区间环境效率存在的俱乐部收敛现象。

4.1　文献综述

近些年，一些学者开始将收敛的研究方法用于分析环境问题的趋势上，但已有文献主要集中在研究碳排放的收敛。如Nourry（2009）利用跨国的CO_2的排放数据，证实了存在着随机收敛假设。Camarero等（2014）使用OECD国家排放的数据发现存在着俱乐部收敛现象。国内如许广月（2010）

实证研究了人均碳排放量的敛散性；研究结果表明，中国人均碳排放量存在β条件收敛和东部地区、中部地区和西部地区的三大俱乐部收敛。许广月（2013）使用面板数据聚类原理研究发现，我国碳强度存在高、中和低三个收敛俱乐部。周杰琦和汪同三（2014）运用分布滞后调整的面板数据分析西部地区与东部地区碳强度差异，发现碳强度差异呈现发散趋势。可以看到，在目前已有的文献中，较少有研究地区环境效率的敛散性问题。但是，环境效率作为可以集中反映一个地区的绿色发展指标，其可以在经济增长中体现出环境问题。因此，研究环境效率的敛散性，可以更好地反映出各地区处理经济增长与环境问题协调性发展的趋势。

在已有研究的基础上，本部分聚焦于地区间环境效率的敛散性分析。本部分的特色在于：首先，我们在估计地区环境效率中，使用了更具灵活性的基于参数估计的双曲线距离函数方法。其次，我们使用了 Phillips 和 Sul（2007）提出并发展起来的非线性时变因子模型来分析地区环境效率的敛散性，这种方法的优势在于其不依赖平稳性假设并且允许各种可能的转换路径对收敛性的影响；这种方法能容许省份之间的差异性，即使这种差异性具备时变性质，其也可以在面板数据的各个序列中抓住共同因子及其特质性因素，从而检验俱乐部收敛。Camarero 等（2014）认为该方法较适用于环境变量的收敛性分析；而相较而言，经典的收敛（如绝对收敛和条件收敛）较为严格，较不太适应环境变量的分析。最后，我们使用 Ordered Probit 模型深入地探索了各俱乐部的形成条件，使研究结果更具可靠性。

4.2 环境效率的估计方法

4.2.1 双曲线距离函数

本部分参考 Zhang 和 Ye（2015）的研究，采用距离函数为基础测度地区环境效率，则有双曲线距离函数为：

$$D(x, y, b) = \inf[\theta > 0: (x, y/\theta, b\theta) \in p(x)] \quad (4-1)$$

这表示生产技术通过使用多个投入变量 x（包括有资本、劳动力和能源投入）；目的是在减少负产出 b（比如 SO_2），同时尽量增加正产出 y（比如工业增加值）；其中有 $0 < D \leq 1$ 成立。

4.2.2 估计形式

根据 Zhang 和 Ye（2015）的研究，双曲线距离函数可以采用可加的二次灵活函数的形式来表示：

$$\begin{aligned} \ln D_{it} = {} & a_0 + \sum_{n=1}^{3} a_n x_{nit} + \beta_y y_{it} + \beta_b b_{it} + \gamma_1 t + 0.5 \sum_{n=1}^{3} \sum_{n'=1}^{3} a_{nn} x_{nit} x_{n'it} + \\ & \sum_{n=1}^{3} \delta_{ny} x_{nit} y_{it} + \sum_{n=1}^{3} \delta_{nm} x_{nit} b_{it} + \sum_{n=1}^{3} \eta_{n1} x_{nit} t + \beta_{yb} y_{it} b_{it} + \beta_{yt} y_{it} t + \\ & 0.5 \beta_{yy} y_{it}^2 + 0.5 \beta_{bb} b_{it}^2 + \mu_{b1} b_{it} t + 0.5 \gamma_{11} t^2 + \varepsilon^{kt} \end{aligned} \quad (4-2)$$

其中，i 表示省份；t 表示时间趋势；D_{it}表示距离函数；y 表示正产出，本章用地区工业总值（GNP）衡量；x 表示投入，我们使用三种投入，包括资本投入（K）、劳动力投入（L）和能源投入（E）；b 表示负产出，主要用 SO_2 衡量；各投入、产出均在模型中取对数。以工业总值（GNP）为标准变量，则有：

$$D_{it}(K_{it}, L_{it}, E_{it}, t, GNP_{it}/GNP_{it}, SO_{2it} \times GNP_{it}) = D_{it}/GNP_{it} \quad (4-3)$$

两边取对数，并设定 $-\ln D_{it} = u_{it}$作为随机前沿估计的无效率项，根据模型（4－1）、模型（4－2），则可以将其转变成随机前沿形式，则有：

$$-\ln GNP_{it} = TL[K_{it}, L_{it}, E_{it}, t, (SO_{2it})^*] + \varepsilon_{it} + u_{it} \quad (4-4)$$

其中，TL 为二次灵活函数；$(SO_{2it})^* = SO_{2it} \times GNP_{it}$；$u_i \sim N^+(0, \sigma_u^2)$。

将双曲线距离函数变换成增量的形式，则得到：

$$\begin{aligned} (\ln D_t - \ln D_{t-1}) = {} & 0.5\left[\frac{\partial \ln D_t}{\partial \ln GNP_t} + \frac{\partial \ln D_{t-1}}{\partial \ln GNP_{t-1}}\right]\left(\ln \frac{GNP_t}{GNP_{t-1}}\right) + \\ & 0.5\left[\frac{\partial \ln D_t}{\partial \ln SO_{2t}} + \frac{\partial \ln D_{t-1}}{\partial \ln SO_{2t-1}}\right]\left(\ln \frac{SO_{2t}}{SO_{2t-1}}\right) + \end{aligned}$$

$$0.5\sum_{n=1}^{3}\left[\frac{\partial \ln D_t}{\partial \ln x_t}+\frac{\partial \ln D_{t-1}}{\partial \ln x_{t-1}}\right]\left(\ln\frac{x_t}{x_{t-1}}\right)+$$

$$0.5\left[\frac{\partial \ln D_t}{\partial t}+\frac{\partial D_{t-1}}{\partial t}\right] \tag{4-5}$$

则地区环境效率 ETFP 有：

$$ETFP=0.5\left[\frac{\partial \ln D_t}{\partial \ln GNP_t}+\frac{\partial \ln D_{t-1}}{\partial \ln GNP_{t-1}}\right]\left(\ln\frac{GNP_t}{GNP_{t-1}}\right)+$$

$$0.5\left[\frac{\partial \ln D_t}{\partial \ln SO_{2t}}+\frac{\partial \ln D_{t-1}}{\partial \ln SO_{2t-1}}\right]\left(\ln\frac{SO_{2t}}{SO_{2t-1}}\right)+$$

$$0.5\sum_{n=1}^{3}\left[\frac{\partial \ln D_t}{\partial \ln x_t}+\frac{\partial \ln D_{t-1}}{\partial \ln x_{t-1}}\right]\left(\ln\frac{x_t}{x_{t-1}}\right) \tag{4-6}$$

4.3 非线性时变因子模型

该模型由 Phillips 和 Sul（2007）提出并发展起来，其具有典型的渐进性，以回归方法为基础，并结合聚类分析的特点；且这一过程不仅依赖于平稳性假设，也允许各种趋向于收敛的可能转换路径。使用这种方法可以既抓住国家层面共同的成分，也能抓住各地区特质性的成分。

非线性时变因子模型始于一个简单的单一因子模型：

$$X_{it}=\delta_{it}\mu_t \tag{4-7}$$

其中，δ_{it}衡量了共同因子 μ_t 与因变量 X_{it}之间的特质性距离；μ_t 有不同的解释，既可以代表 X_{it}加总的共同行为，也可以代表任何可以影响个体经济行为的共同变量。特质性元素 δ_{it}满足如下关系，有：

$$\delta_{it}=\delta_i+\sigma_i\xi_{it}L(t)^{-1}t^{-\alpha} \tag{4-8}$$

其中，$\xi\sim iid(0,1)$，σ_i 是特质性的规模参数，$L(t)$是变化参数，一般地，当 $t\to\infty$，则有 $L(t)\to\infty$，α 为收敛速度，当 α 为非负数时，δ_{it}将收敛于 δ_i；于是，通过检验 δ_{it}是否收敛于 δ_i，从而来检验收敛性。于是可以提出下列的原收敛假设有：

H_0：$\delta_{it}=\delta_i$并且$\alpha\geqslant0$；否则，有备择的假设：H_A：$\delta_{it}\neq\delta_i$并且$\alpha<0$。原收敛假设蕴示着所有的省份都收敛，而对立的假设表示还有一些省份未收敛。为此，Phillips 和 Sul（2007）提出所谓的相关转换参数 h，有：

$$h_{it}=\frac{X_{it}}{\frac{1}{N}\sum_{i=1}^{N}X_{it}}=\frac{\delta_{it}}{\frac{1}{N}\sum_{i=1}^{N}\delta_{it}} \tag{4-9}$$

该系数用于衡量系数δ_{it}在相对于 t 时面板数据的平均值的差异。当$t\rightarrow\infty$，转换参数h_t遵循如下公式，且$H_t\rightarrow0$。

$$H_t=\frac{1}{N}\sum_{i=1}^{N}(h_{it}-1)^2\text{，当}t\rightarrow\infty\text{，}H_t\rightarrow0\text{。} \tag{4-10}$$

Phillips 和 Sul（2007）研究认为在收敛的情况下，H_t将有如下的形式：

$$H_t\approx\frac{A}{L(t)^2t^{2\alpha}}\text{，当}t\rightarrow\infty\text{，A 为一常数。} \tag{4-11}$$

并使用如下回归方程式来检验原假设是否成立。

$$\log(H_1/H_t)-2\log L(t)=\hat{c}+\hat{b}\log t+u_t \tag{4-12}$$

其中，$L(t)=\log(t+1)$，$t=[rT]$，$[rT]+1$，…，T，一般假设$r=0.3$；logt 的系数$\hat{b}=2\hat{\alpha}$，$\hat{\alpha}$是原假设H_0中收敛速度α的估计结果。使用 t 统计，当有 t 统计量$t_b<-1.65$时，则原收敛假设被拒绝。

Phillips 和 Sul（2007）提出基于回归模型（4-12）的算法包括四步：

第一步，排序。根据面板中成员的最后观测值进行排序，这为配置组提供了首要的参考，假如数据存在较大的波动，排序可以根据平均值来进行。

第二步，形成核心组。一旦成员的排序被确定，我们计算 t 统计量t_k，k 最高数目有$2\leqslant k\leqslant N$，核心组的规模由t_k（$t_k>-1.65$）的最大值决定。

第三步，确定俱乐部成员。确定核心组后，在剩下的地区个体中一次选取一个加入核心组中；进行 logt 回归，同时计算 t 统计量，如果这时 t 统计量大于 0，即认为该个体属于核心组俱乐部，重复以上步骤，从而得到俱乐部的所有成员。在 t 检验中，要确保对于整组而言，有$t_k>-1.65$。

第四步，重复第一步到第三步，直到选出所有的俱乐部。如果到最后还有一些个体未包括在任何俱乐部中，则说明这些个体是发散的。

这一方法被证实具有较大的灵活性，其可以用于区分出各种可能存在的收敛发散形式，包括全局收敛、全局发散、俱乐部收敛等。

4.4 实证分析

4.4.1 环境效率的估计

4.4.1.1 变量与数据

正产出：由于考虑了能源这一中间投入，所以其用地区工业总值（GNP）来表示。

负产出：地区排放的污染物，由于 SO_2 在工业排放中较具典型性，因此，本章选 SO_2 表示负产出。

资本投入（K）：我们参照已有的文献，使用各省份工业部门固定资产净值年平均余额来作为工业部门的资本存量投入指标。

劳动力投入（L）：使用各省份工业部门从业人员数来表征。

能源投入（E）：用各省份的能源消费总量来衡量。

数据来源于 1999～2012 年的《中国统计年鉴》《中国能源统计年鉴》《新中国 60 年统计资料汇编》《中国工业统计年鉴》，涉及的省份为除西藏和港澳台地区外的 30 个省份。

4.4.1.2 估计结果

依据 Färe 等（2005）的研究，距离函数方程如果为二次灵活函数形式，其可以使用参数的随机前沿方法估计。本章利用 ML（最大似然）估计对随机前沿模型（4－4）进行估计，为了避免可能存在的无法收敛的问题，本章采用无量纲化的方法对投入、产出指标进行标准化。估计结果如表 4－1 所示。

在估计结果中，θ、P 均在统计上呈显著性，这表明技术无效率服从 $P = 0.266$、$\theta = 4.562$ 的伽马分布；另外，其他技术无效率的统计指标也是显著的，这意味着使用随机前沿估计双曲线距离函数是有效且可靠的。

表4-1　双曲线距离函数估计结果

变量	系数	t值	变量	系数	t值
常数项	-0.493	-1.452	$\ln L\times\ln SO_2$	0.065***	3.904
lnK	-0.237***	-3.941	$\ln E\times\ln SO_2$	-0.031	-0.722
lnL	0.041**	2.027	$\ln SO_2\times\ln SO_2$	0.027*	1.847
lnE	-0.178***	-3.082	t×lnK	0.045	0.973
$\ln SO_2$	-0.023	-1.283	t×lnL	-0.008*	-1.920
t	-0.076***	-5.187	t×lnE	0.026***	3.127
lnK×lnL	-0.085**	-2.279	$t\times\ln SO_2$	-0.047	-1.226
lnK×lnE	0.163**	2.158	t×t	0.027	1.138
lnL×lnE	-0.058***	-2.824	θ	4.562***	3.523
lnK×lnK	-0.038	1.461	P	0.266***	4.978
lnL×lnL	-0.256***	-2.955	σ_v	-0.018*	-1.975
lnE×lnE	-0.019*	-1.879	LR	217.239	
$\ln K\times\ln SO_2$	-0.038	-0.992			

注：*、**和***分别表示在10%、5%和1%水平上显著。

4.4.2　收敛分析

计算出全国各省份的环境效率后，对环境效率进行全局收敛检验，运用Phillips和Sul（2007）的logt检验，有结果：

$$\log(H_1/H_t)-2\log L(t)=0.037-1.193\log t \quad (4-13)$$
$$(5.15)(-18.04)$$

可以看到，t统计量值为-18.04，其远小于边界值-1.65；因此，全局收敛被拒绝；这意味着我国各地区的环境效率不存在全局性收敛。下文我们将继续使用Phillips和Sul（2007）提出的基于回归模型logt的俱乐部收敛算法对我国地区间环境效率进行收敛分析，俱乐部收敛检验的logt系数报告如表4-2所示。

表 4-2 俱乐部收敛检验 logt 系数

俱乐部	成员数	$\hat{b}$ 值	t_b 值
俱乐部 A	2	-0.295	-1.074
俱乐部 B	6	-0.173	-1.555
俱乐部 C	16	-0.145	-0.709
俱乐部 D	6	0.010	0.072

可以看到，中国地区层面的环境效率为俱乐部收敛，并且存在四个收敛俱乐部，俱乐部 A 包括北京、上海两市；俱乐部 B 包括天津、辽宁、江苏、浙江、山东、广东 6 个省份；俱乐部 C 包括河北、内蒙古、吉林、黑龙江、安徽、福建、江西、河南、湖北、湖南、广西、海南、重庆、四川、云南、陕西 16 个省份；俱乐部 D 包括山西、贵州、甘肃、青海、宁夏和新疆 6 个省份。俱乐部 A 和俱乐部 B 都是属于环境效率较高层次的俱乐部，而俱乐部 D 则是环境效率最低层次的俱乐部。我们的研究与常见的文献中人为地将全国的省份按地理位置分成东部地区、中部地区、西部地区，是什么影响因素导致了俱乐部的形成呢？

4.4.3 俱乐部形成的条件分析

参照 Bartkowska 和 Riedl（2012）的研究，我们采用 Ordered Probit 模型来分析环境效率俱乐部形成的条件。有基础模型成立：$y_i = \beta X_i + \varepsilon_i$；i 表示省份，y 表示潜变量，表明俱乐部的归属。系数 β 反映了省份的相应条件对其归属于四个俱乐部概率的边际影响。根据已有的环境效率影响因素的研究，俱乐部形成条件包括人均 GDP、产业结构（INS）、政府规制（GC）、外商直接投资（FDI）、对外开放程度（Open）、区域技术创新能力（TI）、地区人口密度（Pop）等因素。其中产业结构（INS）用第二产业产值与该年该地区国民生产总值的比例衡量；政府规制（GC）使用各省份工业污染治理投资占地区生产总值比值度量；地区外商直接投资（FDI）采用地区该年 FDI 总值与 GDP 的比值衡量；对外开放程度（Open）用地区进出口贸易总额与该地区该年的 GDP 的比值衡量；区域技术创新能力（TI）使用各省份的发明专利

授权数来衡量，取对数；地区人口密度（Pop）利用总人口与地区面积的比值测度，取对数。表4－3报告了Ordered Probit模型的估计结果。

从表4－3报告的结果可以看出，人均GDP（lnGDP）、对外开放（Open）、区域技术创新能力（lnTI）三个变量对于环境效率较高层次的俱乐部A、俱乐部B的变量系数均显著为正，而对于环境效率低层次的俱乐部C、俱乐部D的变量系数均显著为负；这说明人均GDP越高、区域创新能力越强、对外开放程度越高，属于环境效率较高层次的俱乐部A和俱乐部B概率就越大；而属于环境效率低层次的俱乐部C、俱乐部D的概率就越小。这与大多数研究环境效率影响因素的文献结论有异曲同工之处，即人均GDP越高，人们越富裕，对环境质量的要求就越高；对外开放程度越高，面对海外更为严苛的市场机会就更多，国外带来的正向环境技术溢出也可能更显著，从而对地区环境效率有更突出的推动作用，进而提升归属于俱乐部A、俱乐部B的概率。同时区域创新能力越强，地区通过技术进步，优化生产设备，改进生产工艺，就越能够促进环境效率的提高。

表4－3　Ordered Probit模型的估计结果

变量	俱乐部A	俱乐部B	俱乐部C	俱乐部D
常数项	－1.039 (0.204)	－1.714* (0.083)	－0.943*** (0.000)	－1.469*** (0.000)
lnGDP	0.827*** (0.000)	0.690*** (0.000)	－0.027*** (0.000)	－0.966*** (0.000)
INS	－1.276*** (0.000)	－0.742*** (0.000)	0.553*** (0.000)	0.089*** (0.000)
GC	0.036 (0.173)	0.028 (0.450)	－0.051 (0.225)	－0.077*** (0.000)
FDI	0.075 (0.139)	0.096 (0.322)	－0.007 (0.296)	－0.0412 (0.536)
Open	0.057* (0.064)	0.006* (0.071)	－0.019* (0.052)	－0.088*** (0.000)
lnTI	0.517*** (0.000)	0.299*** (0.000)	－0.352*** (0.000)	－0.694*** (0.000)

续表

变量	俱乐部 A	俱乐部 B	俱乐部 C	俱乐部 D
lnPop	0.026 (0.286)	0.058 (0.497)	-0.024 (0.118)	-0.056 (0.207)
R^2	0.233	0.262	0.219	0.258

注：括号内为 p 值，*、** 和 *** 分别表示在 10%、5% 和 1% 水平上显著。

产业结构（INS）变量对于俱乐部 A、俱乐部 B 的系数却均显著为负，且在 1% 的水平上显著；这说明第二产业产值占国民总值的比重越高，属于俱乐部 A、俱乐部 B 的概率越低。我们认为原因在于，工业的发展虽然带来了经济增长，增加了正产出，但是我国大多数地区的工业生产还处于粗放的数量式增长阶段，经济增长伴随着大量的环境污染排放。尤其是随着地区经济的进一步发展，以工业为主的产业结构阻碍了环境效率的提升，因此对地区属于俱乐部 A、俱乐部 B 的概率产生为负的影响，对属于俱乐部 C、俱乐部 D 的概率影响显著为正。政府规制（GC）对俱乐部的归属概率影响不显著，这可能是由于我国各省份工业污染治理投资占 GDP 的比重都较低，对环境效率的提升作用不明显；另外，由于我国长期存在先污染后治理的现象，而且工业污染治理投资往往是滞后的，因此促进环境效率提高的作用非常有限。外商直接投资（FDI）对于四个俱乐部也不存在显著的影响，我们认为其主要原因是由于 FDI 对东道国环境效率的影响是双重的，一方面 FDI 的进入可以带来技术溢出，促进国内的技术进步；另一方面许多进入我国的 FDI 都属于寻求污染避风港，同时由于各地政府引资过程中对资本的"饥渴症"，降低了对 FDI 的环境污染排放的监管，正负相抵，从而使得 FDI 对俱乐部的归属概率不存在显著的影响效应。最后，可以发现人口密度（lnPop）作用也不显著，这主要是由于人口密度增大可以提升对高环境质量的需求，但是，人口密度越大，其所产生的环境污染也更突出，进而导致对俱乐部的归属概率影响均不显著。

4.5　结论与政策建议

在使用随机前沿估计下的双曲线距离函数测度地区环境效率的基础上，我们使用了 Phillips 和 Sul（2007）等提出并发展起来的非线性时变因子模型分析了中国地区层面可能存在的环境效率俱乐部收敛现象。研究发现，中国地区的环境效率存在着四个收敛俱乐部，俱乐部 A 和俱乐部 B 都是属于环境效率较高层次的俱乐部，而俱乐部 D 是环境效率最低层次的俱乐部；我们的研究与常见的文献中人为地将全国的省份按地理位置分成东部地区、中部地区、西部地区是不同的。人均 GDP 越高、对外开放程度越高、区域创新能力越强，属于环境效率较高层次的俱乐部 A 和俱乐部 B 概率就越大；而属于环境效率低层次的俱乐部 C、俱乐部 D 的概率就越小。产业结构对于俱乐部 A、俱乐部 B，系数却均显著为负，且在1%的水平上显著；这说明第二产业产值占国民总值的比重越高，属于俱乐部 A、俱乐部 B 的概率越低。

本部分的研究得到如下政策建议：①对于处于同一个俱乐部的地区，应该加强经济合作和环境治理合作，在提升正产出的同时，降低负产出，以共同应对经济新常态。②处于较低层次俱乐部的地区，要在保持环境质量的基础上进一步促进经济增长，提高人均 GDP。继续坚持改革开放，扩大出口，有选择地引进外商直接投资，并创造条件发挥外资企业对国内企业的正向环境技术溢出。加快发展服务业、现代农业及先进制造业，优化产业结构，使越来越多处于较低层次俱乐部的地区能够进入较高层次，从而促进经济社会的协调发展。

第5章 市场分割降低了地区环境全要素生产率吗

——基于地理加权回归模型的实证研究

中国作为一个处于转型中的大国，省际之间存在的一种“以邻为壑”式的市场分割现象。这种现象被国内外的学者认为可能对经济增长存在一定的负面影响。然而，在当今环境问题日益凸显的时期，非常有必要在原有研究基础上纳入环境因素，从而进一步考虑市场分割对经济发展的影响。事实上，已有的大量研究表明，市场分割除了对经济增长有一定的负效应外，这种社会现象还有可能增加地区的污染排放，影响地区间环境污染治理的合作。基于此研究目的，我们选用既能考虑资源与环境的约束，又能考虑经济增长效率的重要指标——环境全要素生产率，研究这种重要的社会现象对它的影响效应，并且试图回答这种影响效应是正面的还是负面的？其影响机制如何？在地区之间存在差异性吗？随着环境问题的日益严峻，这些问题的解答就显得非常必要且迫切。

非常令人遗憾的是，到目前为止，对于这一具有较强理论和实际应用价值的命题，国内这方面的研究甚为缺乏。因此，本部分使用省级面板数据研究了市场分割对地区环境全要素生产率的影响。本部分的特色在于：第一，本部分在已有的市场分割与地区经济增长的研究文献基础上，进一步考虑环境因素，使用既能考虑资源与环境的约束又能考虑经济增长效率的重要指标——环境全要素生产率，研究市场分割对它的影响作用，从而为理解市场分割对转型国家经济发展的影响提供了一个较为有力的证据。第二，考虑到市场分割程度在各个地区之间存在较大的差异性，而且它对环境全要素生产率的影响效应也可能存在较大的空间异质性，本部分在计量方法上使用了可以考虑空间异质性的地理加权回归模型，从而将这种差异性的影响效应分析出来。

5.1　影响机制分析

根据Chung等（1997）和Färe等（2007）测度环境全要素生产率的经典文献的思想，环境全要素生产率是由“好”产出和“坏”产出所决定的。“好”产出一般为经济产出，如用GDP或者用工业增加值衡量；而“坏”产出一般为环境污染物。因此，我们分别从这两个方面分析市场分割对环境全生产率的影响。

5.1.1　市场分割影响地区“好”产出

这方面的文献较为丰富，大多文献都认为市场分割对地区经济产出增长可能带来一定的损害作用。现有的大多数研究认为地方政府采取的市场分割、地方保护主义政策对经济运行产生了负面影响，市场分割拖累了经济增长，如Poncet（2003）、余东华和刘运（2009）。

在产生原因及影响机制的研究方面，银温泉和才婉如（2001）认为地方市场分割是经济转轨过程中出现的特有现象，以财政大包干、大量国有企业事实上的地方所有制为基本特征的，行政性分权是其深层体制原因，传统体制遗留的工业布局、地方领导的业绩评价等现实因素，也强化了地方市场分割倾向。付强和乔岳（2011）发现市场分割是通过阻碍全要素生产率的进步从而阻碍即期经济增长的，他们还认为，20世纪90年代以前，由于存在严重的市场分割，全要素生产率很低。在这种条件下，中国能够保持持续增长取决于两个因素：一方面，地方政府可以进行直接投资，从而保证了该投资能够获得足够的补贴；另一方面，在改革开放之初，中国仍然处于极为严重的经济短缺状态，这种突然爆发的极大需求是中国在极为严重的市场分割条件下仍能保持经济快速增长的重要原因。从微观企业层面来看，申广军和王雅琦（2015）发现市场分割显著地降低了工业企业的全要素生产率。1998～2007年，中国的市场分割程度降低了45%，贡献了约16%的企业全要素生产率的增长。他们还发现，市场分割主要通过抑制规模经济效应、降低研发投入、过度保护国企和增加寻租行为等渠道对企业全要素生产率产生负面影响。踪家峰和周亮（2013）认为，市场分割策略扭曲了要素市场使得微观层面的要素自由流动受阻，致使产业升级得以维持的规模市场和比较优势不复存在，将侵蚀中国经济赖以长期增长的“结构红利”。邓明（2014）认为地区间市场分割策略互动行为的存在，财政分权强化了地区间市场分割的策略互动，而中央转移支付则有效弱化了地区间市场分割的策略互动。

5.1.2 市场分割对“坏”产出的影响

市场分割可以通过影响污染的排放和治理等多渠道影响“坏”产出。正如周黎安（2004）认为市场分割是地区竞争的结果；而环境联邦主义文献较早就认为地方保护及地区间的竞争对环境排放有一定的影响，由于地区之间为了获得更多的税收、领导晋升的机会，有可能导致环境污染的逐底竞争，促使环境恶化。

在产业结构上，有较多文献认为地方政府实施地方保护主义和分割市场的做法，导致了重复建设、产能过剩、产业升级困难等问题。Young（2000）认为为了获得更多的自身利益，因此地方政府采用了保护性的措施，设置各种壁垒，进而保护本地企业和产品的生产发展，从而导致地区间产业同构化现象严重。Gilley（2001）认为地方保护和市场分割在中国的许多地区造成了生产过剩的现象，几乎每个地方都有洗衣机、彩电等家电类的生产厂商。市场分割使地区之间产业结构趋同，很多地区都布局了多种层次的雷同产业，尤其是高能耗、高排放产业的大量重复建设必然导致资源难以有效利用，污染排放物因此而大量增加。市场分割造成要素配置扭曲程度增加，工业规模经济难以达成，以至于环境污染处理设施难以投入使用。

市场分割影响环境治理，环境污染物是一种具有典型外部性的公共产品，尤其是大气污染和水流污染。Dijkstra 和 Fredriksson（2010）认为许多形式的污染物都是跨区域进行扩散，地区的边界无法阻挡气流和水流的流动，从而在区域之间产生了溢出作用。市场分割导致地区之间的这种外部性更为明显，跨区域的环境治理合作更难以实现。

5.1.3　小结

从理论研究可以看到，绝大多数文献认为市场分割对“好”产出有负向影响，同时市场分割通过影响污染物的排放和治理等渠道导致了“坏”产出的增加。因此，市场分割将通过这两方面的作用影响地区环境全要素生产率。

5.2　模型、变量及数据

5.2.1　计量模型

本部分使用的地理加权回归（GWR）是在普通线性回归基础上加入地区加权变量考虑空间异质性因素，这种方法可以更好地分析地区之间由于空间的差异性带来的对变量之间关系的影响，从而使估计结果更为准确可靠。一般而言，距离越近的地区之间相互影响比距离越远的地区间相互影响更大。一般形式的地理加权回归模型为：

$$M_i = \beta_0(u_i, v_i) + \sum_{j=1}^{k} \beta_k(u_i, v_i) I_{ij} + \varepsilon_i \tag{5-1}$$

其中，i 表示地区；M 表示因变量，I 表示影响因素变量。

$\beta(u_i,\ v_i) = (X'W(u_i,\ v_i)X)^{-1}X'W(u_i,\ v_i)y$，$W(u_i,\ v_i)$为权重矩阵；权重的设定有多种方法，本章设定权重满足如下关系式：$w_{ij} = \left[1 - \left(\frac{d_{ij}}{b_1}\right)^2\right]^2$。假如 $d_{ij} < b_i$；$w_{ij} = 0$；$d_{ij} \geq b_{ij}$。d_{ij}是地区 i 与 j 之间的距离，b_i 是 i 地区中 n 个

相邻的地区中距离最短的路程；如果 j 不是地区 i 相邻的地区，则权重 w 为零。

我们构建研究市场分割对地区环境全要素生产率影响的地理加权回归模型可写成：

$$M_i=\beta_0(u_i,\ v_i)+\beta_1(u_i,\ v_i)\ln GDP_{it}+\beta_2(u_i,\ v_i)Segm_{it}+\beta_3(u_i,\ v_i)R\&D_{it}+\beta_4(u_i,\ v_i)PI_{it}+\beta_5(u_i,\ v_i)OP_{it}+\beta_6(u_i,\ v_i)FDI_{it}+\beta_7\ln POP_{it}+\varepsilon_{it} \tag{5-2}$$

其中，M 为环境全要素生产率及其分解项，解释变量市场分割（Segm）。控制变量为地区经济发展水平（lnGDP）、地区研发投入强度（R&D）、地区产业结构（PI）、地区对外开放程度（OP）、外资依存度（FDI）、地区人口密度（lnPOP）。

5.2.2　市场分割变量

本部分将使用陆铭和陈钊（2009）在 Parsley 和 Wei（1996）的基础上改进的价格法，对我国 1998 ~ 2012 年的市场分割状况进行重新测度。价格法的基本思想是地区间的商品价格差异程度可以在一定程度上反映市场之间的整合程度，那么就可以据此采用商品价格差异来测度市场分割。价格法的思想可以追溯到“冰川成本”理论，该理论与常见的一价原理是一脉相承的。因为存在各种形式的交易成本，商品价值在贸易过程中将产生损耗，即使完全套利，两地的相对价格也必然存在一定程度的波动。所谓交易成本，泛指能导致商品价值产生损耗的各种因素，既包括空间上的限制，又包括制度性障碍。交通成本的降低、制度性壁垒的缩减都能导致市场分割程度的降低，此时相对价格波动的程度也会降低。

根据这种思想，本部分参照陆铭和陈钊（2009）的方法将使用 7 种代表性商品在地区间的相对价格来衡量市场分割程度。采用价格法，数据处理按照如下过程进行：①为了保持与前文的一致性，剔除重庆、海南的数据，共 28 个省份的数据。②对于商品种类的选择，我们选择了 7 种生活中常用的商品，其中包括粮食、鲜菜、饮料烟酒、服装鞋帽、中西药品、日用品以及燃料。

5.2.3 地区环境全要素生产率变量

我们采用 Malmquist - Luenberger 指数来衡量环境全要素生产率。在方向性距离函数中，可以使用多个投入变量（如劳动力、资本等），$x \in R_+^R$；目的是在减少“坏”产出 b（为 SO_2 排放量）（$b \in R_+^n$）的同时，要尽量扩大“好”产出（如工业增加值）y，$y \in R_+^m$。

则环境生产技术可以表示为：

$$p(x) = \{(x, y, b): x \text{ can product}(y, b)\} \quad (5-3)$$

根据 Chung 等（1997）和 Färe 等（2007）的相关研究，基于数据包络（DEA）分析法的方向距离函数满足：

$$\overline{D}_0^t(x_i^t, y_i^t, b_i^t; y_i^t, -b_i^t) = \text{Max}_{\lambda,\beta}\beta$$

$$\text{s.t. } Y\lambda \geqslant (1+\beta)y_i;\ B\lambda = (1-\beta)b_i;\ X\lambda \leqslant x_i;\ \lambda \geqslant 0 \quad (5-4)$$

其中，x 为投入，本章使用资本投入和劳动力投入两种投入；y 为好产出，我们用工业增加值衡量；b 为坏产出，即该种产出的增加对于社会将带来扩大的负效应，一般指污染物，本章使用 SO_2 排放量衡量。β 代表了在给定投入水平，好产出（y）扩张的同时坏产出（b）以相同比例收缩的最大化情形。

而用 Malmquist - Luenberger 指数表示的环境全要素生产率可以有下式成立，则有：

$$MLPI^{t,t+1} = \left[\frac{1+\overline{D}_0^t(x_i^t, y_i^t, b_i^t; y_i^t, -b_i^t)}{1+\overline{D}_0^t(x_i^{t+1}, y_i^{t+1}, b_i^{t+1}; y_i^{t+1}, -b_i^{t+1})} \times \frac{1+\overline{D}_0^{t+1}(x_i^t, y_i^t, b_i^t; y_i^t, -b_i^t)}{1+\overline{D}_0^{t+1}(x_i^{t+1}, y_i^{t+1}, b_i^{t+1}; y_i^{t+1}, -b_i^{t+1})}\right]^{1/2} \quad (5-5)$$

而环境全要素生产率可以进一步分解成环境技术进步率和环境效率改善率，可以有：

$$MLPI^{t,t+1} = MLECH^{t,t+1} \times MLTCH^{t,t+1} \quad (5-6)$$

其中，MLECH 为环境技术进步率，则有：

$$MLECH^{t,t+1}=\frac{1+\overline{D}_0^t(x_i^t,\ y_i^t,\ b_i^t;\ y_i^t,\ -b_i^t)}{1+\overline{D}_0^{t+1}(x_i^{t+1},\ y_i^{t+1},\ b_i^{t+1};\ y_i^{t+1},\ -b_i^{t+1})} \tag{5-7}$$

MLTCH 为环境效率改善率，则有：

$$MLTCH^{t,t+1}=\left[\frac{1+\overline{D}_0^{t+1}(x_i^{t+1},\ y_i^{t+1},\ b_i^{t+1};\ y_i^{t+1},\ -b_i^{t+1})}{1+\overline{D}_0^{t}(x_i^{t+1},\ y_i^{t+1},\ b_i^{t+1};\ y_i^{t+1},\ -b_i^{t+1})}\times\frac{1+\overline{D}_0^{t+1}(x_i^t,\ y_i^t,\ b_i^t;\ y_i^t,\ -b_i^t)}{1+\overline{D}_0^{t+1}(x_i^t,\ y_i^t,\ b_i^1;\ y_i^t,\ -b_i^t)}\right]^{1/2} \tag{5-8}$$

5.2.4 控制变量

地区经济发展水平（GDP）用人均GDP衡量（单位：元/人），并且在模型中取对数。地区研发投入强度（R&D）用地区研发资金投入与GDP的比值代理（单位：%）；地区产业结构（PI）用地区工业增加值与GDP比值衡量（单位：%）；地区对外开放程度（OP）用进出口额与GDP比值衡量（单位：%）；外资依存度（FDI）用外资企业产生的增加值与GDP比值衡量（单位：%）；地区人口密度（POP）用地区总人口与面积的比值衡量（单位：万人/平方千米），取对数。数据来自各年的《中国统计年鉴》及各省份的统计年鉴。

5.3 实证结果

5.3.1 市场分割对环境全要素生产率的实证研究

为了能够更好地分析市场分割对环境全要素生产率的影响作用，我们分别用OLS回归和地理加权回归（GWR）这两种方法进行分析，使用的软件为SAM 4.0（Spatial Analysis in Macroecology），表5－1报告了OLS回归与GWR回归的对比结果。

表5-1　OLS回归与GWR回归的比较分析

	AIC	R^2	F（R^2）	P值	残差
OLS	-87.339	0.427	54.074	0.000	23.558
GWR	-100.614	0.435	18.212	0.000	14.924

从全局回归的OLS可以看到，整体来看模型是显著的，R^2 为0.427，表明该模型能解释环境全要素生产率的42.7%。但是，相比较而言，能考虑空间异质性局部回归的GWR模型解释力更强，GWR在统计上更为显著，AIC（赤池信息准则）值也比OLS模型的值更小；R^2 值更大，而且残差更小，因此本部分使用GWR模型能够更好地分析变量之间的空间依赖性和空间异质性，得到更为稳健的估计结果。

从表5-2中地理加权回归报告的结果可以看到，各影响因素变量对环境全要素生产率的边际影响均表现出明显的空间异质性。其中，市场分割对地区环境全要素生产率的差异化作用表现得尤为明显；在市场分割程度较低的低分位地区，市场分割对地区环境全要素生产率的影响为正，系数为9.653；但是，在市场分割程度较高的中分位地区和高分位地区，市场分割表现出明显的负向效应，且数值呈现递增的趋势，系数分别为-15.716和-42.243。我们的研究结果与陆铭和陈钊（2009）、踪家峰和周亮（2013）的结论有异曲同工之处，他们均认为市场分割对经济增长有倒U型的影响，即市场分割存在对经济增长或产业升级有先促进后抑制的关系；我们的研究从环境全要素生产率的角度佐证了他们的研究结论。

表5-2　市场分割对环境全要素生产率影响的实证结果
（因变量为环境全要素生产率）

变量	OLS回归		地理加权回归（GWR）		
	系数	t统计量	低分位	中分位	高分位
$lnGDP_{it}$	1.847*	1.97	1.005	1.828	1.461
$Segm_{it}$	-45.032***	-3.73	9.653	-15.716	-42.243
$R\&D_{it}$	2.576***	4.25	0.576	2.617	2.682

续表

变量	OLS 回归		地理加权回归（GWR）		
	系数	t 统计量	低分位	中分位	高分位
PI_{it}	-0.014	-0.95	-0.023	-0.026	-0.033
OP_{it}	0.419 *	1.88	0.075	0.128	0.247
FDI_{it}	0.072	0.93	0.013	-0.008	0.583
$lnPOP_{it}$	0.157 **	2.19	-0.102	-0.194	-0.009
常数	5.036 ***	3.97	-1.026	4.810	1.525
R^2	0.427		0.411	0.435	0.509
AIC	-87.339			-100.614	
单位数	420			420	

注：*、**和***分别表示在10%、5%和1%水平上显著。

究其原因，我们认为这可能是由于，在市场分割程度较低的地区，地方政府通过采用适度保护自身市场的行为，可以抵御来自其他地区的竞争威胁，促进经济产出的增加，甚至在较短时间内实现经济的迅速发展，从而提升环境全要素生产率。但是，在市场分割程度达到一定程度后，地方政府据此可以从保护市场的行为中获得更多的经济租金，某些地区就可能产生了强化市场分割的“冲动”；然而，这时市场分割通过抑制规模经济、技术创新、要素优化配置等渠道产生的对经济产出的负向影响就超过了其对经济产出的正向影响，从而显现出综合的负向效应，而且随着市场分割的加剧，表现出同步的上升趋势。而且，市场分割程度较高的地区，地方政府为了在攫取经济租金的同时，能够在地区竞争中脱颖而出，有可能更多地通过引入一些高污染、高排放的产业，导致环境的“逐底竞争”效应。市场分割程度越高也使得产业升级越困难，生产的规模效应越难以达成，污染治理设施难以有效利用，地区之间的污染治理合作更为困难，两重效应叠加因此导致了对环境全要素生产率更强的负向作用。

关注其他变量，各变量对环境全要素生产率也均表现出了空间异质性。人均 GDP 对环境全要素生产率有正的影响，且在低分位和高分位系数小于中分位的系数，这说明在人均 GDP 较低和较高的地区，人均 GDP 对环境全要素生产率影响系数较小，表现出倒 U 型分布，这也在一定程度上证实了中国存在环境全要素生产率的库兹涅茨曲线。地区研发投入强度（R&D）越高的地区，地方研发强度对环境全要素生产率的正向影响越明显，这说明研发投入对环境全要素生产率有明显的促进作用，且表现出递增效应。产业结构（PI）对环境全要素生产率影响的空间异质性比较明显，在低分位，产业结构的影响效应为正值；但是在中分位和高分位影响效应为负，且随着工业占比程度的提升，负向作用更明显；这主要是由于工业水平低的地区，工业生产带来的对生产率的正向作用超过了与之相伴随的环境污染的负面影响；但是，随着工业比重的提升，工业对环境全要素生产率的负向作用占据上风，表现出越来越强的负面效应。

地区对外开放程度（OP）的估计系数表现出其对环境全要素生产率的积极的促进作用，且随着对外开放程度的提高，系数表现出递增的趋势；这说明，对外开放程度越高的地区，其对环境全要素生产率的边际影响越大。外商直接投资（FDI）对环境全要素生产率影响的空间异质性也比较明显，低分位和高分位系数为正，但是中分位系数为负；这意味着外商直接投资较多和较少的地区，对环境全要素生产率的边际效应为正，但是在外商直接投资处于中等的地区，边际效应为负。这主要是由于外商直接投资一方面带来较先进的技术、管理经验等，但同时不少外商直接投资属于污染型企业，尤其是外商直接投资水平处于中等的中部地区，很多地区处于引资饥渴状态中，引入了不少污染型 FDI，导致对环境全要素生产率产生了负的边际效应；而在外商直接投资较多的东部地区，由于经济处于较高水平，政府在引资中更加注重质量，因此表现出正的效应。人口密度（lnPOP）对环境全要素生产率有负面影响，且显现出空间异质性；人口密度处于中等的地区，其对环境全要素生产率的负向作用最大，而在人口密度较高的地区，其对环境全要素生产率为负的边际效应最小。

5.3.2 市场分割对环境技术进步率、环境效率改善率影响的实证分析

为了能够进一步分析市场分割对环境全要素生产率的内在影响，我们分别通过地理加权回归模型以环境全要素生产率的分解项——环境技术进步率和环境效率改善为因变量进行分析，结果如表5-3所示。

表5-3 市场分割对环境全要素生产率分解项的影响（地理加权回归）

变量	因变量：环境技术进步率			因变量：环境效率改善率		
	低分位	中分位	高分位	低分位	中分位	高分位
$lnGDP_{it}$	2.182	2.537	1.461	0.240	0.563	0.479
$Segm_{it}$	7.306	-18.974	-35.117	0.483	-2.775	-3.205
$R\&D_{it}$	0.729	2.339	2.682	0.304	1.182	1.449
PI_{it}	0.017	-0.015	-0.028	-0.009	-0.017	-0.046
OP_{it}	0.130	0.375	0.206	0.032	0.155	0.179
FDI_{it}	0.065	1.248	1.592	-0.026	0.094	0.167
$lnPOP_{it}$	-0.254	-0.263	-0.139	-0.102	-0.088	-0.025
常数	1.958	1.732	1.094	-1.026	4.810	1.525

从表5-3中可以看到，大多数变量对环境技术进步率和环境效率改善率的影响系数都呈现出较强的差异性，这也进一步说明本章中我们使用地理加权回归模型进行研究是非常有必要的，这能够更好地区分变量影响的空间异质性，从而更准确地分析变量的影响作用，进而可以发现市场分割对环境技术进步率和环境效率改善率均产生了负向作用。这表明，市场分割是通过影响环境技术进步和环境效率改善从而影响地区环境全要素生产率的。比较市场分割对环境技术进步率及环境效率改善率的系数，对于环境技术进步率，可以发现从低分位、中分位到高分位系数变化较大，从7.306、-18.974变化到-35.117。而对于环境效率改善率，市场分割的系数较小，且变化程度也较小，这说明市场分割对环境全要素生产率影响的空间异质性主要是由环境技术进步率体现出来的，而市场分割对环境效率改善率影响地区间的差异

性较小。我们认为，一方面，在我国环境全要素生产率主要是由环境技术进步率所推动，环境效率改善率的作用较小；地区之间环境全要素生产率的差异性本身主要也是由环境技术进步率表现出来。另一方面，市场分割对于地区间的“好”产出和“坏”产出的综合影响集中体现在环境技术进步上，表现出较明显的地区差异性，在市场分割程度越高的地区，市场分割对环境技术进步率的边际效应越大。

5.4 结论与政策建议

中国作为一个处于转型中的大国，省际之间存在的一种“以邻为壑”式的市场分割现象。这种现象被国内外的学者认为可能对经济增长存在一定的负面影响。然而，在当今环境问题日益凸显的时期，非常有必要在原有的研究基础上纳入环境因素，从而进一步考虑市场分割对经济发展的影响。在研究中，我们采用了既能考虑资源与环境的约束又能考虑经济增长效率的重要指标——环境全要素生产率作为研究对象，并基于如下几个问题展开研究：市场分割会影响地区环境全要素生产率吗？这种影响效应是正面的还是负面的呢？其影响机制如何？在地区之间存在差异性吗？本章采用1998～2012年的省级数据，利用能考虑空间异质性的地理加权回归模型，研究发现市场分割对地区环境全要素生产率并非存在完全的负向效应，而是存在差异化的影响，在市场分割程度较低的地区，市场分割有利于环境全要素生产率提升；但是，在市场分割程度较高的地区，市场分割却对环境全要素生产率产生了负面影响，且随着市场分割的加剧，表现出同步的上升趋势。我们的研究从环境全要素生产率的角度佐证了陆铭和陈钊（2009）、踪家峰和周亮（2013）的市场分割对经济增长有倒U型影响的研究结论。进一步研究发现，市场分割对环境全要素生产率影响的空间异质性主要由环境技术进步率体现出来，对环境效率改善率影响的空间差异性较小。

我们的研究可以得到如下政策建议：①进一步推进市场化进程，使用司法途径对地方保护和市场分割行为进行法律方面的约束，从而消除地方封锁，建设全国统一市场。②中央政府赋予环保部门更高的管理权力，为了能够协调处于市场分割状态地区之间的环境治理，促进它们的环境合作，有必要设置区域环境保护监督中心，其能独立于当地政府政策，从而能够监督地方政府如何实施环境保护条例，监督地方政府如何处理环境的重大污染。③在推进全国统一市场建设的同时，中央政府尤其要注意市场分割程度较高地区的环境污染问题，防止这些地区为了单纯地追求更高的经济产出，不仅破坏了本地区的环境，而且也给周边地区带来环境污染。对于市场分割程度较高地区的企业，中央政府要通过政策扶持、资金支持等多种方法和途径，鼓励它们进行技术创新，注重降低能耗、降低污染物排放的新技术和新工艺的研发和引进。

第6章　金融发展恶化了环境质量吗

——基于275个城市的空间动态面板数据模型

经过改革开放40多年的发展，我国经济总量得到了巨大的增长，然而，这一令人可喜数据的背后，是能源的大量耗费，环境的严重恶化。与工业迅速发展相伴随的是空气污染、水污染的日益严重。在可持续发展成为时代主题的今天，各种节能减排的手段和渠道都应积极发挥效用；其中金融发展的作用不容忽视。目前国内外已有的研究金融发展对环境质量影响的文献主要采用跨国或省级面板数据进行分析，样本数较少；并且已有的文献往往忽视了环境污染排放动态变化的过程，或者未考虑区域之间环境污染排放的空间溢出性。基于此，本部分使用了2003~2012年中国275个城市的数据，利用兼具空间估计方法和动态面板回归模型优势的空间动态面板数据模型，并采用更具科学性的系统广义距（SYM-GMM）方法进行估计；同时，我们还考虑了金融发展通过影响经济发展、FDI等，进而影响环境质量的间接效应，从而较全面地考察了金融发展对环境质量的影响。

6.1　文献与理论

金融发展在解释环境污染排放中有重要作用。一方面，金融发展有助于企业在生产中选用较先进的清洁或环境友好型技术，这将促进环境质量的改善。金融发展是吸引FDI的重要因素，同时东道国金融发展是吸收FDI的重要影响因素，Alfaro 等（2004）认为金融发展对 FDI 的技术和知识溢出作用发挥了先决性的影响；通过促进 R&D 活动，从而影响环境质量。而且，金融发展有助于一些环境治理项目降低融资成本，更容易获得资金的支持。另一方面，在产业水平上，金融发展使企业更容易并且以更低的成本获得金融资本支持；另外，股票市场的发展也有助于企业的扩张，从而潜在地增加污染排放。也就是说，金融发展能够通过激励生产者的生产活动尤其是促进工业的发展从而增加工业的污染排放带来环境的恶化。金融发展对环境污染的综合影响取决于这两种正负力量的对比。

近年来围绕金融发展与环境质量之间的关系，出现了一些相关的实证研究。Gantman 和 Dabós（2012）发现金融发展能够促进技术创新，进而改善环境质量。Lee 等（2015）也发现在一个具有发展良好的金融系统的国家，相应带来活跃的技术创新将对环境污染排放产生显著的削减作用，并且他们发现金融制度发展能够增加与环境保护项目相关的投资，因此有助于改善环境质量。Tamazian 等（2009）使用 1992～2004 年“金砖四国”的面板数据研究了金融发展与环境质量的关系，他们发现金融发展水平是决定一个国家环境质量的重要因素：一个有更高金融发展水平的国家，环境质量水平也更高。基于 12 个中东和北非国家数据，Omri 等（2015）发现环境质量降低通过影响人的健康水平对经济增长产生了负外部性，金融发展和贸易开放刺激技术创新，进而有助于减少环境污染排放。

与上述文献认为金融发展有利于环境质量优化相反的是，一些文献却发现金融发展恶化了环境质量或者不存在显著的影响。Sadorsky（2010）通过分析 22 个国家的数据发现，金融市场的发展增加了消费者对能源消费的需求，因此并未产生对环境质量的改善作用。Ozturk 和 Acaravci（2013）研究发现，在土耳其，长期来看金融发展对人均二氧化碳排放量不存在显著的影响作用。Abbasi 和 Riaz（2016）将 FDI 纳入碳排放方程中，重新估计了金融发展与碳排放的关系，他们使用一系列衡量金融发展的指标，结果表明，在全样本期间（1971～2011 年），金融发展对碳排放无显著影响；但在 1988～2011 年金融发展对碳排放有显著负作用，他们认为经济增长恶化了环境。在

国内，严成樑等（2016）利用省级面板数据研究发现信贷规模对我国二氧化碳强度的影响存在倒U型关系，FDI规模对我国二氧化碳强度的影响存在U型关系，金融市场融资规模、金融业的竞争、信贷资金分配的市场化对我国二氧化碳强度有负向影响。

综合已有的文献可以发现，国内外研究金融发展与环境质量关系的文献虽然较为丰富，但结论不尽相同；研究的样本一般为跨国或省级区域，样本数较少；并且往往忽视了环境污染排放动态变化的过程，或者未考虑区域之间环境污染排放的空间溢出性。鉴于此，本章从以下几个方面进行拓展：第一，与已有文献从国家或者省级层面进行研究不同的是，我们在国内首次使用275个城市层面的数据，聚焦于金融发展与SO_2排放量之间的关系；样本规模扩大了几倍，更为细致的数据更能真实反映变量之间的关系。第二，我们考虑了区域间环境污染排放的空间依存性，并采用近些年新发展起来的空间动态面板模型，该模型的优势在于能在考虑区域变量空间溢出性的同时，将变量的动态变化合并进行分析，从时空角度考察了金融发展对环境质量的影响效应；同时我们采用更具科学性的系统广义距（SYM－GMM）对模型进行估计，解决了变量之间的内生性和空间溢出问题。第三，鉴于金融发展可以通过影响经济发展、FDI等间接渠道，进而影响环境质量，我们通过分别使用金融发展与经济活跃程度、FDI的交互项捕捉这种间接效应，深入考察了这一问题。进而考虑到中国城市的异质性特征，我们在子样本估计中按城市的空间分布分成东部城市、中西部城市，以进一步探讨城市属性的不同对结果的差异化影响。

6.2　模型、变量与数据

6.2.1　模型

我们的模型参照标准的STIRPAT模型，控制了环境污染排放的几个决定性因素，包括规模效应、结构效应、技术效应和外资因素，其中，我们使用经济活跃程度（lnActive）控制规模效应；资本强度（lnCapint）、投资率（lnInvr）分别从存量和流量的角度控制结构效应；用人均收入（GDP）控制技术效应。同时为了考虑城市之间环境污染排放的空间溢出性以及环境污染排放动态变化的性质，我们采用近些年发展起来的空间动态面板回归模型进行分析，该模型兼具空间估计方法和动态面板回归模型的优势，能在考虑区域变量空间溢出性的同时，将变量的动态变化合并进行分析：

$$\ln EP_{ct} = \alpha_0 + \tau \ln EP_{ct-1} + \rho\sum_{j=1}^{N} w_{cj}\ln EP_{ct} + \beta_1 \ln FD_{ct} + \gamma_1 \ln GDP_{ct} + \gamma_2 Capint_{ct}\gamma_3 \ln Active_{ct} + \gamma_4 \ln Invr_{ct} + \gamma_5 \ln FDI_{ct} + \delta_c + \eta_t + \varepsilon_{ct} \quad (6-1)$$

其中，c = 1，2，…，275，t 为 2003 ~ 2012 年；$\tau \ln EP_{ct-1}$ 为时间滞后项用于抓住污染排放随时间推移而变化的动态过程；$\rho\sum_{j=1}^{N} w_{cj}\ln EP_{ct}$ 为空间自回归项用于抓住城市之间污染排放的空间溢出关系；δ_c 为城市固定效应，用于控制不可观测的城市属性对污染排放的影响；η_t 为年份固定效应，用于控制不可观测的时间变化的影响。

我们采用各市之间的距离 d_{cj} 的倒数衡量空间权重 w，距离 d_{cj} 根据国家测绘局的国家基础地理信息系统中的中国 1∶400 万地形数据库，并使用 Arcview 3.0 软件计算得到，即有：

$$w_{cj} = \begin{cases} (d_{cj})^{-1}, & \text{如果 } c \neq j \\ 0, & \text{如果 } c = j \end{cases} \quad (6-2)$$

6.2.2 变量及数据

6.2.2.1 金融发展（FD）

衡量发展中国家金融发展中最具代表性的指标为金融相关比率，即以金融机构提供给私人部门贷款总额与 GDP 的比值度量；但是目前国内并未提供城市层面的这一数据，因此，限于数据可获得性，本章采用三个城市层面的金融指标衡量金融发展，这三个指标分别从深化程度、规模和质量三个方面衡量了金融发展。

（1）金融机构贷款比率（Cred）：用全市年末金融机构贷款余额与GDP的比值表示，其可以衡量总体的金融深化程度。

（2）金融机构存款比率（Depo）：用全市年末金融机构存款余额与GDP的比值表示，其可以衡量金融中介的整体规模。

（3）金融集聚（FinC）：朱玉杰和倪骁然（2014）的研究验证了以金融人力资本衡量的金融集聚对经济发展的重要影响。参照朱玉杰和倪骁然的方法，用各地市金融业从业人员数占比与当年该指标全国均值之比来代理各市的金融集聚程度，用于衡量金融发展的质量。

6.2.2.2 环境污染排放（EP）

已有的研究文献大多使用CO_2排放作为环境污染的主要污染物，但是由于我国地级市层面的化石能源消费数据以及碳排放数据相对缺乏。而且如彭水军等（2013）认为，相对于SO_2、废水等污染物而言，CO_2是一种全球性的污染物。而本章的研究目的在于考察国内地级以上城市的金融发展对环境质量的影响。基于此，我们选用SO_2作为研究的环境污染物，与彭水军等一样，用各年城市工业SO_2排放量来代理。

6.2.2.3 其他变量

（1）经济活跃程度（Active）：一般来说，区域经济活跃程度越高，经济活动带来的环境污染排放也越多。文献中常用于衡量环境污染的规模效应，我们也采用文献中常用的方法，即用GDP与全市面积的比值测度经济活跃程度。

（2）资本强度（Capint）：不同资本强度的部门产生的环境污染排放也不同，其可以从存量的角度反映生产结构对环境污染的影响，用各市固定资产余额与年末就业人口的比值衡量。

（3）投资率（Invr）：与资本强度类似，投资率从流量的角度反映了生产结构对环境污染的影响效应，我们用各市全社会固定资产投资总额与GDP的比值度量，取对数。

（4）人均收入（GDP）：在环境库兹涅茨曲线理论中，人均收入是影响环境污染排放的重要影响因素，我们用全市 GDP 与人口的比值测度。

（5）外商直接投资（FDI）：FDI 作为经济增长的重要引擎，其可以通过“环境污染避风港效应”给发展中国家的环境带来负面作用；同时也可以通过“环境污染光环效应”，也即通过技术溢出等渠道提升发展中国家的环境质量。FDI 的衡量可以使用投入和产出的形式，产出形式的衡量方法能够更好地去除统计数据的偏差问题，我们使用外资企业工业产值与各市工业总产值的比值衡量。

由于我国城市层面的工业 SO_2 排放量统计的起始年份是 2003 年，因此，本章使用的是 2003～2012 年地级以上城市年度数据，剔除某些变量数据缺失的城市，共得到 275 个城市样本。数据来自 2004～2013 年的《中国统计年鉴》《中国城市统计年鉴》《中国金融统计年鉴》以及中经网数据库。

6.3 实证检验结果

6.3.1 空间相关性分析

在使用空间动态面板数据模型进行分析之前，必须检验城市间 SO_2 排放的空间相关性。Moran's I 值常用于检验变量之间的空间相关性，其具体的表达式如下：

$$I = \frac{n\sum_{i=1}^{n}\sum_{j=1}^{n} w_{ij}(x_i - \bar{x})(x_j - \bar{x})}{\sum_{i=1}^{n}\sum_{j=1}^{n} w_{ij}\sum_{i=1}^{n}(x_i - \bar{x})^2} \tag{6-3}$$

其中，w 表示空间权重矩阵，$\bar{x}$ 表示平均值。表 6－1 报告了 2003～2012 年城市间 SO_2 排放量的 Moran's I 值检验结果。从表 6－1 可以看出，在这 10 年间，城市间 SO_2 排放量的 Moran's I 值都为正且均通过了显著性检验，这意味着中国城市之间 SO_2 排放量存在显著的空间正相关性。SO_2 作为大气污染

物，具有较明显的空间溢出性。

表6－1　2003～2012年城市间SO_2排放量的Moran's I值检验结果

	2003年	2004年	2005年	2006年	2007年
SO_2排放量	0.224*** (0.000)	0.207* (0.082)	0.185*** (0.000)	0.246* (0.077)	0.228*** (0.000)
	2008年	2009年	2010年	2011年	2012年
SO_2排放量	0.219*** (0.000)	0.215** (0.032)	0.237*** (0.000)	0.209*** (0.000)	0.194** (0.044)

注：括号内为p值，*、**和***分别表示在10%、5%和1%水平上显著。

6.3.2　基本计量结果

对于空间动态面板数据模型的估计，采用系统广义距方法能够更好地减少空间滞后参数估计中的有限样本带来的误差。鉴于此，我们也利用系统广义距（GMM）方法进行估计。

表6－2中报告了全样本的计量结果，Hansen检验和Arelleno－Bond序列相关检验的p值均显示模型能很好地通过这些统计检验，从而证明对空间动态面板数据模型使用系统广义矩的有效性。从结果中可以看到，SO_2排放量具有显著的空间依赖性，并且上一年度的SO_2排放量对下一年度的排放量存在显著的影响。第（1）列、第（3）列、第（5）列结果表明金融机构贷款比率（Cred）、金融机构存款比率（Depo）对SO_2排放量有显著的正向促进作用。然而，金融集聚（FinC）对SO_2排放量却有显著的负向促进作用。这说明金融机构贷款比率（Cred）、金融机构存款比率（Depo）通过助推企业扩张、促进工业的发展而产生的对SO_2排放量的增长作用，要大于它们通过促进技术进步、效率提高对SO_2排放量所带来的消减作用。而金融集聚带来的作用刚好相反，带来的对SO_2排放量的消减作用大于增长作用；这说明，在中国金融发展的质量提升更有利于促进环境效率的提高，促进了环境技术升级，从而抑制了SO_2排放量的进一步增长。经济活跃程度（Active）对SO_2

排放量产生显著的促进作用，经济发展导致了环境污染排放的增加，产生了规模效应，恶化了环境。资本强度（Capint）、投资率（Invr）系数均显著为正，这主要是由于资本强度、投资率越高的城市，产业结构中重化工业的比重也越高，由此产生的 SO_2 排放量也就越高。人均收入（GDP）系数显著为负，人均收入水平的提高使得民众对环境质量产生了更高的要求，在日常消费中更倾向于选择更为环保的产品；企业为了迎合市场的需求，并且同时可能迫于政府的规制，在生产中也更倾向于绿色和环保，从而减少 SO_2 排放。FDI 对 SO_2 排放量的影响系数显著为正，虽然 FDI 能够带来技术效应，但是其产生的环境污染的规模效应带来的 SO_2 排放量的增加超过了结构效应、技术效应对 SO_2 排放的负向作用，从而表现出显著的正影响。

表 6-2　基本计量结果（空间动态面板数据模型，系统 GMM 估计）

变量	Cred		Depo		FinC	
	(1)	(2)	(3)	(4)	(5)	(6)
$lnEP_{ct-1}$	0.305** (0.029)	0.271** (0.011)	0.319** (0.037)	0.304** (0.025)	0.411** (0.019)	0.376** (0.029)
$W \times lnEP_{ct}$	0.067*** (0.000)	0.083*** (0.000)	0.055*** (0.000)	0.063*** (0.000)	0.075*** (0.000)	0.088*** (0.000)
$lnFD_{ct}$	0.173*** (0.000)	0.054*** (0.000)	0.294*** (0.000)	0.145*** (0.000)	-0.061*** (0.000)	-0.054*** (0.000)
$lnActive_{ct}$	0.249*** (0.000)	0.207*** (0.000)	0.233*** (0.000)	0.184*** (0.000)	0.318*** (0.000)	0.342*** (0.000)
$lnCapint_{ct}$	0.122*** (0.000)	0.147** (0.044)	0.137*** (0.000)	0.155*** (0.000)	0.140*** (0.000)	0.149*** (0.000)
$lnInvr_{ct}$	0.372*** (0.000)	0.403*** (0.000)	0.348*** (0.000)	0.390*** (0.000)	0.324*** (0.000)	0.377*** (0.000)
$lnGDP_{ct}$	-0.057* (0.093)	-0.053* (0.068)	-0.045* (0.077)	-0.052* (0.053)	-0.063* (0.082)	-0.055* (0.064)
$lnFDI_{ct}$	0.081*** (0.000)	0.174*** (0.000)	0.072*** (0.000)	0.146*** (0.000)	0.077*** (0.000)	0.191*** (0.000)

续表

变量	Cred		Depo		FinC	
	(1)	(2)	(3)	(4)	(5)	(6)
$\ln FD_{ct} \times \ln Active_{ct}$	—	0.153** (0.028)	—	0.128*** (0.000)	—	0.165** (0.037)
$\ln FD_{ct} \times \ln FDI_{ct}$	—	-0.092*** (0.000)	—	-0.079*** (0.000)	—	-0.097*** (0.000)
常数	2.180 (0.206)	3.226*** (0.000)	3.572*** (0.000)	3.446*** (0.000)	4.236* (0.072)	3.719*** (0.000)
Hausme 检验	0.241	0.378	0.226	0.294	0.288	0.364
AR (1)	0.005	0.011	0.006	0.009	0.007	0.012
AR (2)	0.663	0.606	0.594	0.544	0.581	0.520
观测值	2750	2750	2750	2750	2750	2750
R^2	0.4293	0.4467	0.4305	0.4484	0.4303	0.4351

注：括号内为p值，*、**和***分别表示在10%、5%和1%水平上显著，使用的软件为STATA 12.0。

由于金融发展可以通过间接的方式，即通过影响经济发展的规模、影响FDI等渠道，进而影响污染排放。于是，我们在模型（6-1）中加入金融发展与经济活跃程度（Active）、金融发展与FDI的交互项用于考察这种间接效应，结果报告在表6-2的第（2）列、第（4）列、第（6）列。结果显示，金融机构贷款比率（Cred）、金融机构存款比率（Depo）、金融集聚（FinC）与经济活跃程度交互项的系数均显著为正，这说明，在当前中国金融发展通过经济增长渠道、增加社会投资、促进消费等方式增加了污染排放，恶化了环境。但金融发展与FDI交互项的系数均显著为负，东道国金融市场发展作为吸收FDI的重要影响因素，其通过吸收FDI的技术溢出，通过促进R&D活动，提高了环境效率，减轻了FDI带来的环境污染，消减了SO_2排放。比较系数绝对值的大小，金融发展与经济活跃程度的交互项系数的绝对值要大于金融发展与FDI的交互项系数；这意味着在目前，中国整体上金融发展通过经济增长带来的对污染排放的扩大效应要大于通过FDI带来的对污染排放的消减效应。

6.3.3 分东部城市、中西部城市子样本估计结果

由于中国地区之间要素禀赋、经济发展水平等存在较大的差异性，为区分这种差异性在金融发展对环境污染排放的影响过程中的作用；我们将城市分成东部城市和中西部城市，其中东部城市101个，中西部城市174个，使用系统广义距估计的空间动态面板数据模型结果报告如表6－3所示。

表6－3 分东中西部城市子样本的空间动态面板计量结果（系统GMM估计）

变量	Cred		Depo		FinC	
	东部城市	中西部城市	东部城市	中西部城市	东部城市	中西部城市
$lnEP_{ct-1}$	0.198** (0.037)	0.271** (0.011)	0.216** (0.043)	0.306** (0.029)	0.163** (0.025)	0.229** (0.030)
$W \times lnEP_{ct}$	0.064*** (0.000)	0.083*** (0.000)	0.042*** (0.000)	0.066*** (0.000)	0.047*** (0.000)	0.075*** (0.000)
$lnFD_{ct}$	0.026 (0.257)	0.054*** (0.000)	0.033 (0.170)	0.072*** (0.000)	−0.015*** (0.000)	0.064*** (0.000)
$lnActive_{ct}$	0.093*** (0.000)	0.268*** (0.000)	0.148*** (0.000)	0.285*** (0.000)	0.119*** (0.000)	0.272*** (0.000)
$lnCapint_{ct}$	0.103* (0.088)	0.195*** (0.000)	0.117** (0.032)	0.186** (0.027)	0.097** (0.024)	0.180*** (0.000)
$lnInvr_{ct}$	0.178*** (0.000)	0.590*** (0.000)	0.225*** (0.000)	0.517*** (0.000)	0.215*** (0.000)	0.498*** (0.000)
$lnGDP_{ct}$	−0.294*** (0.000)	−0.066 (0.427)	−0.265** (0.034)	−0.052 (0.210)	−0.253*** (0.000)	−0.075 (0.233)
$lnFDI_{ct}$	0.058 (0.109)	−0.029*** (0.000)	0.044 (0.157)	−0.008*** (0.000)	0.038 (0.226)	−0.014*** (0.000)
$lnFD_{ct} \times lnActive_{ct}$	0.018* (0.070)	0.167** (0.028)	0.030** (0.042)	0.185*** (0.000)	0.026* (0.064)	0.153*** (0.000)
$lnFD_{ct} \times lnFDI_{ct}$	−0.134*** (0.000)	−0.092*** (0.000)	−0.147*** (0.000)	−0.086*** (0.000)	−0.126*** (0.000)	−0.083*** (0.000)

续表

变量	Cred		Depo		FinC	
	东部城市	中西部城市	东部城市	中西部城市	东部城市	中西部城市
常数	2.619 (0.207)	3.418*** (0.000)	3.321* (0.076)	1.205*** (0.000)	2.774*** (0.000)	3.253*** (0.000)
Hausme 检验	0.322	0.418	0.371	0.453	0.357	0.432
AR(1)	0.019	0.027	0.032	0.024	0.028	0.023
AR(2)	0.488	0.451	0.502	0.526	0.539	0.518
观测值	1010	1740	1010	1740	1010	1740
R^2	0.4524	0.4489	0.4279	0.4531	0.4381	0.4465

注：括号内为p值，*、**和***分别表示在10%、5%和1%水平上显著，使用的软件为STATA 12.0。

从表6-3可以得到如下几个结论：

第一，在东部城市，金融机构贷款比率（Cred）、金融机构存款比率（Depo）对 SO_2 排放量无显著影响，其主要原因是东部城市这两个指标产生的对 SO_2 排放的规模效应，在一定程度上被它们同时产生的结构效应和技术效应带来的消减作用所抵消，导致了影响不具显著性。金融集聚（FinC）系数显著为负，这是由于东部城市金融集聚程度比较高，金融集聚对技术进步的作用更突出，导致对 SO_2 排放产生显著为负的效应。对于中西部城市，金融机构贷款比率（Cred）、金融机构存款比率（Depo）对 SO_2 排放的影响显著为正，这意味着近年来中西部城市金融深化和金融规模的发展促进了工业发展，带来了经济增长，扩大了居民消费，从而增加了中西部城市的 SO_2 排放。而金融集聚（FinC）的系数不显著，但为负。比较东部城市、中西部城市可以发现，金融发展在金融发展水平较高、经济基础较好、创新能力较强的东部城市通过促进技术进步、提高能源效率降低 SO_2 排放的作用已经显现。而在中西部城市，金融发展主要作用体现在促进 SO_2 排放的规模效应提升上，技术效应较小，因此金融发展对 SO_2 排放在中西部城市表现出显著的增长影响。

第二，虽然金融发展与经济活跃程度的交互项（$lnFD_{ct} \times lnActive_{ct}$）在东部城市、中西部城市符号相同，且均显著为正，但是我们可以发现金融发展与经济活跃程度的交互项在东部城市显著性更弱，且系数更小，这说明虽然在东部城市金融发展通过促进经济规模的增长而恶化了环境；但是，这种负面作用要比中西部城市明显更弱。原因在于，经过几十年的发展，东部城市作为改革开放的“排头兵”，整体经济发展水平较高，产业结构中服务业的比重增长较突出，有些经济发达的城市已经进入后工业化阶段，环保和绿色在东部城市越来越深入人心，整体政府的环境规制强度也比中西部城市更高，越来越多的新投资转移到服务业或低污染低排放的项目中去。而不少中西部城市为了发展经济，更多通过促进工业发展，尤其是在一些重化工业的发展上，从而在中西部城市金融发展通过促进经济增长带来了更为严重的环境污染。同时，也可以看到金融发展与FDI的交互项（$\ln FD_{ct} \times \ln FDI_{ct}$）在东部城市系数的绝对值更大，这表明，在东部城市金融发展通过吸收FDI的技术溢出，通过促进R&D活动，提高环境效率，进而消减SO_2排放的效应更大。

第三，人均收入（GDP）系数仅在东部城市显著为负，中西部城市虽为负，但不显著，这说明仅在经济相对发达的东部城市，收入增加带来的技术效应显著地消减了SO_2排放。比较FDI在不同地区城市之间的影响差异性，东部城市虽为负，但系数并未通过显著性检验。而在中西部城市，系数显著为负。这也就是说，仅在中西部城市，FDI的环境溢出效应消减了SO_2排放，我们认为原因是中西部城市企业的环境技术水平与外资企业差距较大，吸收的环境技术溢出表现出较为明显的推动SO_2排放减少的作用。而东部城市企业的环境技术水平较高，与外资企业差距较小，外资企业环境技术溢出并未表现出显著性。

6.4 结论与政策建议

目前国内外已有的研究金融发展对环境质量影响的文献主要采用跨国或省级面板数据进行研究；样本数较少；并且已有的文献往往忽视了环境污染

排放动态变化的过程，或者未考虑区域之间环境污染排放的空间溢出性。基于此，本部分使用了我国 2003 ~2012 年 275 个城市的数据，利用兼具空间估计方法和动态面板回归模型优势的空间动态面板数据模型，并采用更具科学性的系统广义距（SYM - GMM）方法进行估计，从而研究了金融发展对环境质量的影响效用。系统广义距估计发现，总体而言，金融机构贷款比率、存款比率对 SO_2 排放有显著的促进作用；然而，金融集聚却抑制了 SO_2 排放。金融发展通过促进经济增长增加了 SO_2 排放量，但通过吸收 FDI 技术溢出消减了 SO_2 排放。进一步研究表明金融发展的影响效应存在区域的差异性，在东部城市，金融机构贷款比率（Cred）、金融机构存款比率（Depo）对 SO_2 排放量无显著影响，金融集聚（FinC）系数显著为负；对于中西部城市，金融机构贷款比率（Cred）、金融机构存款比率（Depo）对 SO_2 排放的影响显著为正，而金融集聚（FinC）的系数不显著，但为负。虽然在东部城市金融发展通过促进经济发展而恶化了环境；但是这种负面作用要比中西部城市明显更弱。在东部城市，金融发展通过吸收 FDI 的技术溢出，进而消减 SO_2 排放的效应更大。

本部分的研究结论蕴含丰富的政策建议：首先，要重视发展绿色金融，金融部门在投融资过程中要有所选择，不能只考虑经济效益，更要考虑环境效益。尤其是中西部城市，在积极促进金融发展的同时，要采取措施促使更多的金融资源转移到节能、环保的项目或产业中去，并通过金融手段引导居民进行绿色消费。其次，在金融发展中要合理看待金融深化、规模等“量”的发展，注重金融发展中“质”的提升。金融发展的“质”更有利于激发城市绿色技术创新能力，中西部城市更要注重金融发展中“质”的积累，从而更好地促进城市经济的内涵式发展。最后，一方面，要继续鼓励“自下而上式”金融市场改革，优化 FDI 技术溢出的城市金融支持环境，提升国内企业对 FDI 技术溢出效应的吸收能力；另一方面，要加强中小企业金融支持体系建设，创新支持企业研发的金融制度，增强企业对先进技术的模仿和学习能力，从而促进吸收 FDI 的技术溢出。

第7章　区域环境创新效率的俱乐部收敛分析

——基于非线性时变因子模型

自改革开放以来，与经济快速增长相伴随的是环境恶化日益严重。在很多地区，空气、水体、土壤被严重污染，湿地萎缩、沙尘暴频发、雾霾天常见；在人们收入水平持续提升的同时降低了社会的整体福利水平。幸运的是，近些年工业环境议程在国家层面以几何级数增长。一方面，消费者环保意识的提升影响了他们的消费选择；另一方面，政府严厉的环境规制措施和一些非正式组织的环保行动促进了企业对绿色创新的积极性。目前，绿色创新已成为中国众多工业企业适应经济社会发展的战略选择，同时，提升地区的绿色创新效率也成为地方政府的重要工作任务。但是，在绿色、环保、创新等理念日益深入人心的同时，区域之间的绿色创新效率呈现出较强的差异性。研究区域间绿色创新效率的演化趋势，对于政府采取有针对性的相关政策措施促进地区绿色创新效率的提升有重要作用。

7.1　文献与理论

Beise 和 Rennings（2005）提出的绿色创新是指：在工艺、技术、系统或产品等方面进行发明或者改进，从而减少对环境破坏。这一设定包括了企业的产品组合或生产过程朝着环保的角度转变，比如更好的废弃物管理、生态效率提

高、减少污染排放、资源的循环利用、产品的生态设计或者任何其他能减少企业环境足迹的行为。Ghisetti 和 Rennings（2014）将绿色创新分成有效减少能源和物质型创新和外部性减少型创新；其中有效减少能源和物质型创新能在较大程度上影响企业竞争力，而外部性减少性创新则不利于企业竞争力提升。

近年来，随着环境问题的日益凸显，国内对于这一问题的研究日趋增多。李旭（2015）通过对已有绿色创新文献的梳理，认为已有文献主要从环境经济学、创新经济学、战略管理、产业组织等角度对绿色创新进行研究。毕克新等（2015）认为跨国公司技术转移对绿色创新绩效有重要作用。付帼等（2016）发现目前中国绿色创新的空间格局相对稳定，省域间差异和空间集中度都呈现波动性增长的趋势，但绿色创新在少数省份高度集中的空间格局尚未形成；省域间的绿色创新呈现显著的正向空间自相关，且处于盲点区域的省份数量比例较大；尽管西部地区仍处于不断被“冷”化的过程中，但存在明显易被影响特质，未来绿色创新可能出现东部优势突出，西部跳跃性转变，中部惰性凹陷的空间格局。王惠等（2016）认为八大经济区域高技术产业绿色创新效率存在地域差异；以企业规模为门槛变量，R&D 投入强度对高技术产业绿色创新效率具有双重门槛效应，市场环境、政府资助、产业集聚均与高技术产业绿色创新效率显著正相关，而劳动者素质影响不明显。殷群和程月（2016）运用带有非期望产出的 SBM 模型测量 2009～2013 年我国各区域的绿色创新效率发现，各地区的绿色创新效率值呈上升趋势，但是区域差异性明显，东部地区、中部地区、西部地区的绿色创新效率值依次递减。综合已有研究，虽然绿色创新相关文献较为丰富，但是国内外鲜有探讨区域绿色创新效率的敛散性问题研究。然而，地区绿色创新效率作为能较好反映地区工业企业可持续发展能力的指标，能体现出地区企业在提供给顾客商业价值并显著地减少环境影响的创新能力。因此，研究地区绿色创新效率的敛散性，可以反映出各地区在可持续发展能力方面的发展趋势。

本章的特色在于：第一，我们使用了非角度、非径向的 Super－SBM 模型估计区域绿色创新效率，该模型在 SBM 模型的基础上加以改进，对含非期望产出的数据包络有更强的识别能力，能更好地评价绿色创新效率。第二，本章使用 Phillips 和 Sul（2009）提出并发展起来的非线性时变因子模型来考察区域间绿色创新效率的敛散性，该方法突出的特点在于其可以不依赖于平稳性假设，且同时允许各种可能的转换路径对收敛的干扰作用；该方法能容许区域之间的差异性，即使这种差异性具备时变特征，其也可以在面板数据的各个序列中抓住共同因子及其特质性因素，从而检验俱乐部收敛，这种方法被证明较适宜于与环境有关的指标收敛性分析。第三，为了考察各收敛俱乐部的形成条件，我们使用了 Ordered Probit 模型，使研究结果更可靠。

7.2 区域环境创新效率测度

7.2.1 测度方法

我们使用 Super－SBM 模型测度区域绿色创新效率，Super－SBM 模型的优势主要有：一方面，该方法能有效地解决投入和产出由于角度、径向选择带来的松弛问题。另一方面，其能够在效率衡量中直接标记投入过度和产出短缺，而且能够对 SBM 型的效率包络进行排序，从而比起其他 DEA 模型更适合处理存在非期望产出的效率评价问题。

为克服角度和径向 DEA 模型的缺点，Tone 提出非角度、非径向的 SBM 模型，假设生产系统有 n 个决策单元，每个决策单元均有投入 X、期望产出 Yg 和非期望产出 Yb 共 3 个向量，这 3 个向量分别为 $x \in R^m$、$yg \in Rw1$、$yb \in Rw2$，可定义矩阵 X、Y^d、Y^{ud}如下：

$$X = [x_1, \cdots, x_n] \in R^{m \times n}$$

$$Y^d = [y_1^d, \cdots, y_n^d] \in R^{s_1 \times n}$$

$$Y^{ud} = [y_1^{ud}, \cdots, y_n^{ud}] \in R^{s_2 \times n} \tag{7-1}$$

生产的可能设置用下式表示：

$$P(x) = \{(y^d, y^{ud}) \mid x \text{生产}(y^d, y^{ud}),\ x \geqslant X\lambda,\ y^d \leqslant Y^d\lambda,\ y^{ud} \geqslant Y^{ud}\lambda,\ \lambda \geqslant 0\} \tag{7-2}$$

在生产可能设置的基础上，根据 Tone 的 SBM 模型，能够用于测度非期望产出的 SBM 模型为：

$$\beta = \min \frac{1 + \frac{1}{m}\sum_{i=1}^{m}\frac{s_i^-}{x_{i0}}}{1 - \frac{1}{s_1 + s_2}\left(\sum_{r=1}^{s_1}\frac{s_r^d}{y_{r0}^d} + \sum_{t=1}^{s_2}\frac{s_t^{ud}}{y_{t0}^{ud}}\right)}$$

$$\text{s. t. } x_0 = X\lambda + s^-$$

$$y_0^d = Y^d\lambda - s^d$$

$$y_0^{ud} = Y^{ud}\lambda + s^{ud}$$

$$s^- \geqslant 0,\ s^d \geqslant 0,\ s^{ud} \geqslant 0,\ \lambda \geqslant 0 \tag{7-3}$$

其中，矢量 s^d 表示期望产出的短缺量，而矢量 s^- 和 s^{ud} 分别表示投入和非期望产出的过度量。目标函数 β 值的范围为［0，1］，对于给定的数据包络 DMU，假如 $\beta = 1$，并且有 $s^d = s^- = s^{ud} = 0$，则数据包络是有 SBM 效率的，但如果 $\beta < 1$，则数据包络是无效率的，也就是投入和产出需要加以改进。假定数据包络 DMU_k（xk，y_k^d，y_k^{ud}）是 SBM 型的，那么含非期望产出的 Super－SBM 模型为：

$$\beta_{SE} = \min \frac{1 + \frac{1}{m}\sum_{i=1}^{m}\frac{s_i}{x_{ik}}}{1 - \frac{1}{s_1 + s_2}\left(\sum_{r=1}^{s_1}\frac{y_r^d}{y_{rk}^d} + \sum_{t=1}^{s_2}\frac{y_t^{ud}}{y_{tk}^{ud}}\right)}$$

$$\text{s. t. } x_i^k \geqslant \sum_{j=1,j\neq k}^{n} x_{ij}\lambda_j - s_i$$

$$y_{rk}^d \leqslant \sum_{j=1,j\neq k}^{n} y_{rj}^d\lambda_j + y_r^d$$

$$y_{tk}^{ud} \geqslant \sum_{j=1,j\neq k}^{n} y_{tj}^{ud}\lambda_j + y_t^{ud}$$

$$1 - \frac{1}{s_1 + s_2}\left(\sum_{r=1}^{s_1}\frac{y_r^d}{y_{rk}^d} + \sum_{t=1}^{s_2}\frac{y_t^{ud}}{y_{tk}^{ud}}\right) > 0$$

$$\lambda, s^-, s^+ \geqslant 0 \tag{7-4}$$

$I = 1, 2, \cdots, m$；$j = 1, 2, \cdots, n\ (j \neq k)$；$r = 1, 2, \cdots, s_1$；$t = 1, 2, \cdots, s_2$

7.2.2 变量与数据

投入变量我们采用创新投入和能源投入。创新投入要素包括创新人力投入和创新资金投入。我们使用各地区研究与试验发展人员全时当量衡量创新人力投入。应用各地区研究与试验发展经费内部支出测度创新资金投入。我们使用各地区能源消费总量衡量能源投入，单位为万吨标准煤。

产出变量分为期望产出和非期望产出。期望产出为正产出，绿色创新的正产出为创新成果，参照大多数文献做法，分别采用创新的数量和质量衡量，包括使用地区专利申请受理量衡量创新数量，同时使用各地区新产品销售收入衡量创新质量。非期望产出为绿色创新过程中的负产出，主要是指环境污染排放，一般包括固体废弃物、废水和废气排放。由于不同种类的废弃物对环境的负面影响不一，同时由于 SO_2 作为主要的环境管制物，统计相对完善，因此，我们采用各地区排放的 SO_2 作为非期望产出。数据来源于历年《中国统计年鉴》《中国科技统计年鉴》《中国环境统计年鉴》《中国能源统计年鉴》。

7.3 俱乐部收敛检验的非线性时变因子模型

非线性时变因子模型由 Phillips 和 Sul（2007）提出并发展起来，该模型具有典型的渐进性，其以回归方法为基础，并结合聚类分析的特点；且这一过程不仅依赖于平稳性假设，也允许各种趋向于收敛的可能转换路径。使用这种方法既能抓住国家层面共同的成分，也能抓住各地区特质性的成分。

非线性时变因子模型始于一个简单的单一因子模型：

$$X_{it} = \delta_{it}\mu_t \tag{7-5}$$

其中，δ_{it}衡量了共同因子 μ_t 与因变量 X_{it}之间的特质性距离；μ_t 有不同的解释，既可以代表 X_{it}加总的共同行为，也可以代表任何能影响个体经济行为的共同变量。其中，特质性元素 δ_{it}满足如下关系：

$$\delta_{it} = \delta_i + \sigma_i\xi_{it}L(t)^{-1}t^{-\alpha} \tag{7-6}$$

其中，$\xi \sim iid(0,1)$，σ_i 是特质性的规模参数，$L(t)$ 是变化参数，一般地，当 $t \to \infty$，则有 $L(t) \to \infty$，α 为收敛速度，当 α 为非负数时，δ_{it} 将收敛于 δ_i；于是，通过检验 δ_{it} 是否收敛于 δ_i，从而来检验收敛性。于是可以提出下列的原收敛假设有：

H_0：$\delta_{it} = \delta_i$ 并且 $\alpha \geqslant 0$；否则，有备择的假设：H_A：$\delta_{it} \neq \delta_i$，并且 $\alpha < 0$。原收敛假设蕴示着所有的省份都收敛，而对立的假设表示还有一些省份未收敛。为此，Phillips 和 Sul（2007）提出所谓的相关转换参数 h：

$$h_{it} = \frac{X_{it}}{\frac{1}{N}\sum_{i=1}^{N} X_{it}} = \frac{\delta_{it}}{\frac{1}{N}\sum_{i=1}^{N} \delta_{it}} \tag{7-7}$$

该系数用于衡量系数 δ_{it} 在相对于 t 时面板数据的平均值的差异。当 $t \to \infty$，转换参数 h_t 遵循如下公式，且 $H_t \to 0$。

$$H_t = \frac{1}{N}\sum_{i=1}^{N} (h_{it} - 1)^2, H_t \to 0\text{，当 } t \to \infty \tag{7-8}$$

Phillips 和 Sul（2009）研究认为在收敛的情况下，H_t 将有如下的形式：

$$H_t \approx \frac{A}{L(t)^2 t^{2\alpha}}\text{，当 } t \to \infty\text{，A 为一常数。} \tag{7-9}$$

Phillips 和 Sul（2007）提出使用如下回归方程式来检验原假设是否成立。

$$\log(H_1/H_t) - 2\log L(t) = \hat{c} + \hat{b}\log t + u_t \tag{7-10}$$

其中，$L(t) = \log(t+1)$，$t = [rT], [rT]+1, \cdots, T$，一般假设 $r = 0.3$；logt 的系数 $\hat{b} = 2\hat{\alpha}$，$\hat{\alpha}$ 是原假设 H_0 中收敛速度 α 的估计结果。使用 t 统计，当有 t 统计量 $t_b < -1.65$ 时，则原收敛假设被拒绝。

Phillips 和 Sul 提出基于回归模型（7-7）的算法包括四步：

第一步，排序。根据面板中成员的最后观测值进行排序，这为配置组提供了首要的参考，假如数据存在较大的波动，排序可以根据平均值来进行。

第二步，形成核心组。一旦成员的排序被确定，我们计算 t 统计量 t_k，k 最高数目有 $2 \leqslant k \leqslant N$，核心组的规模由 t_k（$t_k > -1.65$）的最大值决定。

第三步，确定俱乐部成员。确定核心组后，在剩下的地区个体中一次选取一个加入核心组中；进行 logt 回归，同时计算 t 统计量，如果这时 t 统计量大于0，即认为该个体属于核心组俱乐部，重复以上步骤，从而得到俱乐部的所有成员。在t检验中，要确保对于整组而言，有 $t_k > -1.65$。

第四步，重复第一步至第三步，直到选出所有的俱乐部。如果到最后，还有一些个体未包括在任何俱乐部中，则说明这些个体是发散的。

这一方法被证实具有较大的灵活性，其可以用于区分出各种可能存在的收敛发散形式，包括全局收敛、全局发散、俱乐部收敛等。

7.4 实证结果

7.4.1 区域绿色创新效率的测算结果

根据区域绿色创新效率的测算方法及相关指标设置，我们首先计算出2002~2014年中国各省份的绿色创新效率，结果发现，在绿色创新效率区域之间，在不同的时间段存在着较大的差异性；整体而言，存在短期发散、长期收敛的时变特征，因此使用传统的绝对收敛或条件收敛较难以真实地反映出区域间绿色创新效率的发展趋势。图7－1报告了2002~2014年中国各省份绿色创新效率平均值的分布情况。

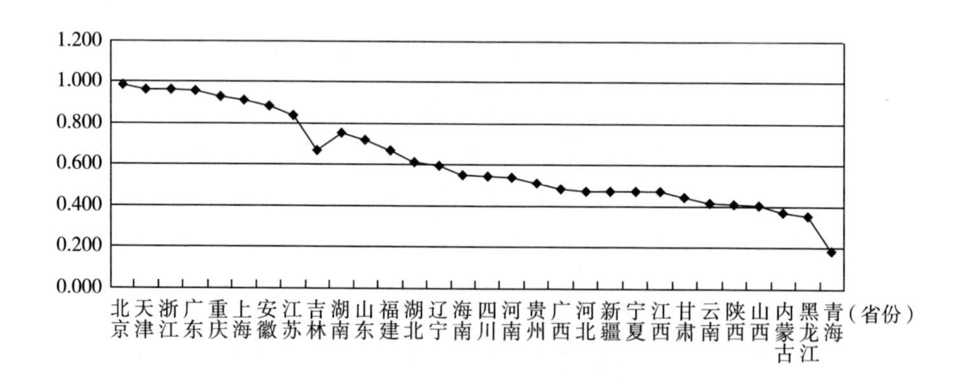

图7－1　2002~2014年中国各省份绿色创新效率平均值分布

7.4.2　收敛分析

计算出全国各省份的绿色创新效率后，首先对绿色创新效率进行全局收敛检验，运用 Phillips 和 Sul（2007）的 logt 检验，有结果：

$$\log(H_1/H_t)-2\log L(t)=0.054-1.178\log t \quad (7-11)$$

$$(3.44)\ (-9.57)$$

可以看到，t 统计量值为 -9.57，其远小于边界值 -1.65；因此，全局收敛被拒绝；这意味着我国各地区的绿色创新效率不存在全局性收敛。下面我们继续使用 Phillips 和 Sul（2007）提出的基于回归模型 logt 的俱乐部收敛算法对我国区域间绿色创新效率进行收敛分析，俱乐部收敛检验的 logt 系数报告如表 7-1 所示。

表 7-1　俱乐部收敛检验 logt 系数

俱乐部	成员数	$\hat{b}$ 值	t_b 值
俱乐部 A	6	-0.416	-1.275
俱乐部 B	9	-0.158	-1.664
俱乐部 C	16	-0.173	-0.892

可以看到，中国地区层面的绿色创新效率为俱乐部收敛，并且存在三个收敛俱乐部，俱乐部 A 包括北京、天津、浙江、广东、上海、江苏，俱乐部 B 包括重庆、安徽、辽宁、吉林、湖南、浙江、山东、福建、湖北；俱乐部 C 包括河北、内蒙古、黑龙江、江西、河南、广西、海南、四川、云南、陕西、山西、贵州、甘肃、青海、宁夏和新疆。俱乐部 A 和俱乐部 B 都是属于绿色创新效率较高层次的俱乐部，而俱乐部 C 则是绿色创新效率最低层次的俱乐部。我们的研究与常见的文献中人为地将全国的省份按地理位置分成东部、中部、西部是不同的，是什么影响因素导致了俱乐部的形成呢？

7.4.3　俱乐部形成的条件分析

我们采用 Ordered Probit 模型来分析绿色创新效率俱乐部形成的条件。有基础模型成立：$y_i = \beta X_i + \varepsilon_i$；i 为省份，y 为潜变量，表明俱乐部的归属包括俱乐部 A、俱乐部 B、俱乐部 C；X 为影响因素。系数 β 反映了省份的相应条件对其归属于三个俱乐部概率的边际影响。参考已有关于绿色创新效率影响因素的研究文献，我们认为俱乐部形成条件包括人均 GDP（GDP）、人力资本（HC）、外商直接投资（FDI）、产业结构（Ins）、金融发展（FD）、政府支持（Gov）等因素。

其中，人力资本（HC）采用居民受教育年限加权和来衡量，计算方式为：各省份小学教育程度人口比重×6＋初中教育程度人口比重×9＋高中教育程度人口比重×12＋大专以上教育程度人口比重×16，然后取对数。外商直接投资（FDI）作为促进地区经济增长的重要因素，我们使用地区外资企业增加值与 GDP 的比值衡量。产业结构（INS）用第二产业产值与该年该地区国民生产总值的比例衡量。金融发展（FD）用各地区金融机构存贷款总额与 GDP 的比值度量，该指标公认为是最具代表性衡量发展中国家金融发展的指标。政府支持（Gov）使用政府财政支出占各地区 GDP 的比值测度，各变量在模型中均取对数。表 7－2 报告了 Ordered Probit 模型的估计结果。

表 7－2　Ordered Probit 模型的估计结果

变量	俱乐部 A	俱乐部 B	俱乐部 C
常数项	2.327*** (0.000)	0.749 (0.320)	1.044*** (0.000)
lnGDP	0.982*** (0.000)	0.335*** (0.000)	－0.078*** (0.000)
lnHC	0.562*** (0.000)	0.438*** (0.000)	－0.106*** (0.000)
lnFDI	0.097** (0.034)	0.025*** (0.000)	－0.019** (0.022)
lnIns	－0.058*** (0.000)	－0.032*** (0.000)	0.028*** (0.000)
lnFD	0.042 (0.266)	0.127 (0.241)	－0.156 (0.178)

续表

变量	俱乐部 A	俱乐部 B	俱乐部 C
lnGov	0.035 *** (0.000)	0.028 *** (0.000)	-0.019 *** (0.000)
R^2	0.501	0.487	0.492

注：括号内为 p 值，*、** 和 *** 分别表示在 10%、5% 和 1% 水平上显著。

从表 7-2 报告的结果可以分析得到，人均 GDP（GDP）、人力资本（HC）、外商直接投资（FDI）、政府支持（Gov）四个变量对于绿色创新效率较高层次的俱乐部 A、俱乐部 B 的变量系数均显著为正，而对于绿色创新效率低层次的俱乐部 C 的变量系数均显著为负。这说明人均 GDP 越高、人力资本水平越高、外商直接投资越突出、政府支持力度越大，属于绿色创新效率较高层次的俱乐部 A 和俱乐部 B 概率就越大；而属于绿色创新效率低层次的俱乐部 C 的概率就越小。人均 GDP 越高，人们对良好环境苛求程度就越高，对绿色低碳产品的消费需求也增加，这必然促使企业增加对绿色产品的创新投资，从而提升绿色创新效率。人力资本可以从多方面推动绿色创新效率提升：首先，人力资本是创新得以推动的土壤；其次，人力资本对于吸收 FDI 技术溢出具有重要作用，人力资本水平越高的地区，越能吸收 FDI 技术溢出，并能将其较好地转化为推动地方绿色创新的动力；最后，人力资本水平较高的居民对环境保护的重要性有更深的理解，对于绿色低碳理念的支持更突出，因此更有利于提高区域绿色创新效率。外商直接投资作为发展中国家经济发展的重要影响因素，一方面可以通过技术溢出等渠道提升东道国的环境质量，同时也可以通过“环境污染避风港效应”给东道国环境带来巨大的破坏作用；另一方面在对创新的影响上，外商直接投资可以通过竞争效应、示范效应、前后向联系等渠道加速发展中国家的技术创新，外商直接投资被证明还能间接地通过促进发展中国家的人力资本积累，进而推动地区创新。外商直接投资对绿色创新效率的影响取决于正负力量的对比，在我国，外商直接投资越高的地区，外商直接投资通过技术溢出产生的对环境质量和创新的正向影响作用大于负向作用就越明显，越容易促进绿色环境效率提升。政府支持对提升企业的技术创新效率有显著的正向作用。

研究还发现，产业结构（lnIns）对于绿色创新效率较高层次的俱乐部A、俱乐部B的变量系数均显著为负，而对于绿色创新效率低层次的俱乐部C的变量系数均显著为正。这说明在国民生产总值中第二产业产值比重越高，属于绿色创新效率较高层次的俱乐部A和俱乐部B概率就越小；而属于绿色创新效率低层次的俱乐部C的概率就越大。工业相较于其他产业，其对环境的负面影响较大；尤其是在我国，长期以来工业的高速发展是以牺牲环境为代价，大量资源被耗费，高能耗、高排放，尤其是空气中的SO_2，废水中的COD都与工业有密切的关系。一般而言，工业比重越高的地区，环境污染越严重，绿色创新效率也越低。金融发展（FD）对地区归属于哪个绿色创新效率俱乐部影响不显著，我们认为原因在于金融发展对绿色创新效率的影响存在着正负两种力量。一方面，金融发展有助于企业在生产中选用较先进的清洁或环境友好型技术，这将促进绿色创新效率的改善。金融发展是吸引FDI的重要因素，同时东道国金融发展是吸收FDI的重要影响因素，金融发展对FDI的技术和知识溢出作用发挥了先决性的影响；通过促进R&D活动，从而影响环境质量。而且，金融发展有助于一些环境治理项目降低融资成本，更容易获得资金的支持。另一方面，在产业水平上，金融发展使企业更容易并且以更低的成本获得金融资本支持；另外，股票市场的发展也有助于企业的扩张，从而潜在地增加污染排放。这也就是说，金融发展能够通过激励生产者的生产活动尤其是促进工业的发展从而增加工业的污染排放，带来环境的恶化。正负作用相抵消，导致金融发展对地区绿色创新效率的俱乐部归属无显著影响。

7.5 结论与政策建议

在采用Super－SBM模型估计地区绿色创新效率的基础上，本章运用非线性时变因子模型分析了地区层面可能存在的绿色创新效率的收敛现象。非

线性时变因子的优势在于其不依赖平稳性假设并且允许各种可能的转换路径对收敛性的影响；能容许省份之间的差异性，即使这种差异性具备时变性质，也可以在面板数据的各个序列中抓住共同因子及其特质性因素，从而检验俱乐部收敛；相较而言，经典的收敛较为严格，不太适应具有时变特征的变量分析。研究发现，中国地区的绿色创新效率存在着三个收敛俱乐部，俱乐部A和俱乐部B都是属于绿色创新效率较高层次的俱乐部，而俱乐部C是绿色创新效率最低层次的俱乐部；这些俱乐部的成员与按地理位置分成东部、中部、西部是不同的。研究发现，人均GDP、人力资本、外商直接投资、政府支持越突出，属于绿色创新效率较高层次的俱乐部A和俱乐部B概率就越大；而属于绿色创新效率低层次的俱乐部C的概率就越小；而产业结构中工业比重越高，属于绿色创新效率低层次的俱乐部C的概率越大，而属于绿色创新效率较高层次的俱乐部A和俱乐部B概率就越小。

本章的研究得到如下政策建议：①处于较低层次俱乐部的地区，要努力推行绿色创新理念，让更多企业、个人在生产、生活中贯彻这一理念。政府要积极构建绿色创新的环境，通过财政资金扶持、人才培养等方式激励企业、研发机构进行绿色创新，以在努力开发新成果的同时减少负产出的排放。并且在引进外资过程中，必须要有所选择，提升外商直接投资的质量，以发挥外商直接投资对经济发展的正向作用，同时减少其对环境的负面影响。②对于处于同一个俱乐部的地区，应该加强经济合作、研发合作和环境治理合作，在共同促进经济增长的同时，加强协同研发，并推动环境治理，以进一步提升地区绿色创新效率。

第8章　工业环境生产率增长及其影响因素

——基于江西省的数据

随着中部崛起战略的实施和东部沿海地区的产业转移，江西作为中部吸纳东部产业转移的重点地区，自进入21世纪以来工业得到了巨大的发展。2013年，江西省规模以上工业企业7601家、增加值为5755.51亿元、从业人数为220余万；分别比2000年增长114.2%、113.31%、103.71%。但令人遗憾的是，随着江西省工业的发展，江西省的工业排放的环境污染物增长较快，对环境破坏较为明显，其中以排放的废气和固体危险物增长最为突出，2000年工业排放废气为2220亿立方米，而到了2013年该值已经增长到15574亿立方米，增长了6倍多；同时，固体危险物排放从2000年的1.71万吨上升到2013年的44.17万吨，排放量增长了24.8倍。环境的污染在一定程度上抵消了改革开放和工业发展带来的成果，降低了人们的幸福指数。因此，江西省及时转变发展方式，倡导工业的绿色发展就显得尤为重要。

8.1　文献综述

世界银行在其报告中指出，中国未来的增长应该及时转变发展战略，转变原有的高度依赖资源，高排放高污染的发展模式；强调“绿色发展”，通过绿色产品的创新、技术的发展和人们消费行为的改变而促进绿色发展。

在经济发展的研究中，生产率是一个非常重要的衡量指标，它不仅以数量的形式，而且也可以从质量上反映经济的发展状况。近年来，随着学术界对环境问题的重视，出现了不少将环境因素考虑进生产率的研究方法。事实上，众多研究绿色生产率的文献在生产过程中均加入了非期望产出或者污染产出，从而用于估计环境问题对生产率和经济增长的作用。

Karen 等（2006）是较早利用传统的 DEA 方式将市场和环境的产出纳入一个框架中研究绿色生产率的，他们使用 1987～2001 年中国各省的省级数据研究表明，如果考虑环境产出，那么生产率增长将小很多。将环境因素纳入生产率评价中，那么不仅生产率数值要减少，而且各省份根据生产率进行的排位也会发生变化。Chen 和 Golley（2014）利用基于方向距离函数的 DEA 模型研究了中国行业层面的环境绩效，他们的研究进一步表明在估计生产率的过程中如果不考虑非期望产出必然导致估计结果存在的有偏性。

李静（2009）使用 SBM 模型处理非期望产出，估算了 1990～2006 年中国各省份绿色生产率，她的研究跟许多研究者一致，即考虑环境变量后，中国各省份的生产率水平明显降低，其中，中西部地区生产率表现得尤为突出。王兵等（2010）运用 SBM 方向性距离函数和卢恩伯格生产率指标测度了考虑资源环境因素下 1998～2007 年中国 30 个省份的环境效率、环境全要素生产率及其成分，研究认为绿色生产率较高的省份均集中在东部地区。

从现有的文献研究可以看到，目前已有的研究基本上立足于省级层面，研究各省份之间的绿色增长率的变化情况，从一个省份尤其是经济相对落后的省份入手，研究地级市之间的绿色生产率增长的状况的文献较少。因此，有必要比较分析江西省各地市之间工业绿色生产率的增长情况，并且研究工业绿色生产率的影响因素，从而为促进江西省工业绿色发展提供一定的政策建议。

8.2 研究方法

8.2.1 方向性距离函数与 Malmquist – Luenberger 指数

在方向性距离函数中，可以使用多个投入变量（比如劳动力、资本等），$x \in R_{+}^{R}$；目的是在减少“坏”产出 b（比如 SO_2）（$b \in R_{+}^{n}$）的同时，要尽量扩大“好”产出（比如工业增加值）y，$y \in R_{+}^{m}$。

则环境生产技术可以表示为：

$$p(x)=\{(x, y, b): x \text{ 能够生产}(y, b)\} \tag{8-1}$$

根据 Färe 等（2007）及 Chung 等（1997）的相关研究，基于数据包络（DEA）分析法的方向距离函数满足：

$$\bar{D}_0^t(x_i^t, y_i^t, b_i^t; y_i^t, -b_i^t)=\text{Max}_{\lambda,\beta}\beta$$

$$\text{s.t. } Y\lambda \geqslant (1+\beta)y_i;\ B\lambda=(1-\beta)b_i;\ X\lambda \leqslant x_i;\ \lambda \geqslant 0 \tag{8-2}$$

其中，x 为投入，一般包括资本投入和劳动力投入，有的研究中还可能包括能源投入；y 为好产出，一般为工业增加值。b 为坏产出，即该种产出的增加对于社会将带来扩大的负效应，一般指污染物。β 代表了在给定投入水平，好产出（y）扩张的同时坏产出（b）以相同比例收缩的最大化情形。

而用 Malmquist – Luenberger 指数表示的绿色生产率可以有下式成立，则有：

$$\text{MLPI}^{t,t+1}=\left[\frac{1+\bar{D}_0^t(x_i^t, y_i^t, b_i^t; y_i^t, -b_i^t)}{1+\bar{D}_0^t(x_i^{t+1}, y_i^{t+1}, b_i^{t+1}; y_i^{t+1}, -b_i^{t+1})}\times \frac{1+\bar{D}_0^{t+1}(x_i^t, y_i^t, b_i^t; y_i^t, -b_i^t)}{1+\bar{D}_0^{t+1}(x_i^{t+1}, y_i^{t+1}, b_i^{t+1}; y_i^{t+1}, -b_i^{t+1})}\right]^{1/2} \tag{8-3}$$

而绿色生产率可以进一步分解成技术进步率和效率改善率，可以有：

$$\text{MLPI}^{t,t+1}=\text{MLECH}^{t,t+1}\times \text{MLTCH}^{t,t+1} \tag{8-4}$$

其中，MLECH 为绿色技术进步率，则有：

$$MLECH^{t,t+1}=\frac{1+\bar{D}_0^t(x_i^t,\ y_i^t,\ b_i^t;\ y_i^t,\ -b_i^t)}{1+\bar{D}_0^{t+1}(x_i^{t+1},\ y_i^{t+1},\ b_i^{t+1};\ y_i^{t+1},\ -b_i^{t+1})} \tag{8-5}$$

MLTCH 为绿色效率改善率，则有：

$$MLTCH^{t,t+1}=\left[\frac{1+\bar{D}_0^{t+1}(x_i^{t+1},\ y_i^{t+1},\ b_i^{t+1};\ y_i^{t+1},\ -b_i^{t+1})}{1+\bar{D}_0^t(x_i^{t+1},\ y_i^{t+1},\ b_i^{t+1};\ y_i^{t+1},\ -b_i^{t+1})}\times \frac{1+\bar{D}_0^{t+1}(x_i^t,\ y_i^t,\ b_i^t;\ y_i^t,\ -b_i^t)}{1+\bar{D}_0^{t+1}(x_i^t,\ y_i^t,\ b_i^1;\ y_i^t,\ -b_i^t)}\right]^{1/2} \tag{8-6}$$

8.2.2　回归模型

为了能够研究影响江西省绿色生产率的增长，参照 Chen 和 Golley（2014）研究模型，构建动态面板回归模型进行分析：

$$GTFP_{it}=\alpha_0+\beta_1 GTFP_{i,t-1}+\beta_2 lnCL_{it}+\beta_3 R\&D_{it}+\beta_4 lnEH_{it}+\beta_5 OP_{it}+\beta_5 SOE_{it}+t+t^2+\varepsilon_{it} \tag{8-7}$$

其中，i 为地区，t 为时间趋势，GTFP 为绿色增长率，解释变量为资本劳动比率（CL）、研发投入强度（R&D）、能耗强度（EH）、对外开放程度（OP）和国有企业产值比重（SOE）。

8.3　变量与数据

研究的范围是江西省的各地市，包括南昌市、景德镇市、萍乡市、九江市、新余市、鹰潭市、赣州市、吉安市、宜春市、抚州市、上饶市。

8.3.1　工业绿色生产率测度的相关变量

好产出（y）：用各地市的工业增加值衡量（单位：亿元），为了消除价格因素的影响，我们以 2000 年为基期，用工业品出厂价格指数进行缩减。投入包括资本投入（x_1）和劳动力投入（x_2）。资本投入（x_1），很多文献采用资本存量测度，然而由于估计资本存量较为困难，因此常用的方法是永续盘存法。但是，由于使用永续盘存法估计过程中，必须事先对资产的使用年限、折旧率、期初价值进行假设，而这些假设本身可能存在一定的问题，这必然影响到资本存量估计的可靠性，因此该方法在一些场合遭到许多学者的否定。我们参照已有的文献，使用工业部门固定资产净值年平均余额来作为工业部门的资本投入指标，并以2000年为基期，用固定资产投资价格指数进行折算（单位：亿元）。劳动力投入（x_2）使用各地市工业从业人员数衡量（单位：人）。

坏产出（b）：参考已有的文献，并根据江西省的实际情况，使用各年各地市工业二氧化硫排放量衡量（单位：吨）。

8.3.2 回归模型中的相关变量

资本劳动比率（CL）可以在一定程度上衡量地区工业的资本深化程度，在传统的生产率研究文献中，资本劳动比率被证明对生产率有显著的正向促进作用，该变量用各地市工业部门固定资产净值年平均余额与工业从业人员数测度（单位：万元/人）。研发投入强度（R&D）是促进产业技术水平提高的重要决定因素，本章采用地区研发强度，即采用地区研发投入与GDP的比值代理（单位:%）。能耗强度（EH），能源的消耗一方面会带来废气的排放，另一方面会增加工业生产的成本，因此，能耗强度可能对江西省的绿色增长率有影响，其使用各地区万元GDP能耗来衡量（单位：吨标准煤/万元）。对外开放程度（OP）用各地区的进出口总额与GDP之间的比值测度（单位:%）。国有企业产值比重（SOE），Chen和Golley（2014）认为，国有企业在执行国家环境政策中能够更好地贯彻实行，是推动绿色生产率增长的重要力量，采用各地区国有企业工业总值与地区工业总产值的比值度量（单位:%）。

数据来源于2000~2013年《江西省统计年鉴》及江西省各地市的统计年鉴。

8.4 实证分析

8.4.1 江西省各地市工业绿色生产率变动差异及其分解

使用方向距离函数与 Malmquist – Luenberger 指数及其分解方法，可以计算出2000～2013年江西省11个地级市工业绿色生产率的动态变化及其分解变量，如表8－1所示。

表8－1 2000～2013年江西省11个地级市工业绿色生产率（平均值）

	南昌	景德镇	萍乡	九江	新余	鹰潭	赣州	吉安	宜春	抚州	上饶
生产率	1.042	0.988	0.972	1.018	1.011	0.993	0.995	0.983	0.993	0.985	0.993
MLECH	1.036	1.019	1.016	1.027	1.02	1.019	1.017	1.013	1.019	1.015	1.015
MLTCH	1.006	0.988	0.972	1.018	1.011	0.993	0.995	0.983	0.993	0.985	0.993

从江西省各地市绿色生产率增长情况来看，仅南昌市、九江市和新余市增长率为正值，南昌市表现得最突出，以平均年增长率为4.2%位居第一；排第二位的是九江市，年均增长1.8%；新余排第三位，年均增长1.1%。而其余地级市年均增长率均为负，其中萍乡市最典型。这说明，整体而言，江西省各地市绿色增长率水平较低，虽然近十多年来，江西工业经济得到了较大程度的发展，但是产能较落后，很多工业产业都是属于高能耗、高排放的资源依赖性产业。

相比较而言，南昌市、九江市和新余市这三个地级市在进入21世纪后，通过产业升级，积极调整产业结构，在招商引资过程中引入一些高新技术的现代化制造业，从而使这三市工业绿色生产率为正值。其中，南昌已经形成以汽车制造、机电、纺织、化工、医药为主的较为完善的现代化工业体系；而且，南昌实行了较为严格的节能减排措施，这使南昌市工业绿色生产率较高。而其他地市尤其是萍乡市、吉安市和景德镇市，这些地市工业现代化程度相对较低，在吸引产业转移过程中，引入了较多高能耗、高污染的企业。如萍乡市的工业以冶金、煤炭化工及煤炭深加工、建材制造等产业为主，这些产业附加值较低，而且在生产过程中排放出较多的污染物，这使该地区的绿色生产率较低。

通过对各地市绿色生产率变动的分解来看，技术进步是推动各地市绿色生产率增长的最主要因素，这与大多数省级层面的研究结论是一致的。这说明，自进入21世纪以来，江西省各地市都积极地参与到技术创新的大潮中，工业企业的自主创新能力不断增强，推动了绿色生产率的发展。其中南昌市、九江市和新余市的技术进步率较高，分别为4.8%、2.7%和2.0%，较高的技术进步率带来了较显著的绿色生产率增长。

可以看到，各地级市效率改善较小，仅南昌市一地工业的效率改善为正，其余地级市工业的效率改善均为负值。这种情况与全国类似，说明江西省绝大多数地市工业在优化资源配置，促进效率改善中并没有较有效的举措，环境、资源利用及经济增长之间没有很好地处理好彼此之间的关系，从而导致效率改善为负。

8.4.2 江西省各地市绿色生产率增长的影响因素分析

为了克服动态方程（8-7）中滞后因变量的内生性问题，采用广义矩估计法（GMM）来估计。Arellano 和 Bover（1998）提出了系统广义矩估计量将滞后变量的一阶差分作为水平方程中相应的水平变量的工具。报告的结果为系统广义矩的估计结果。由表8-2可以看到：Hansen 检验和 Arelleno-Bond 序列相关检验的p值均显示模型能很好地通过这些统计检验，从而证明本章使用系统广义矩的有效性。

从表8-2的结果中发现资本劳动比率（CL）对数的系数为负，且不显著，这说明资本劳动比率对江西省的绿色生产率并无显著的影响，而且为负；这与全国分析传统全要素生产率存在一定的差异性，我们认为原因主要是在江西等欠发达省份，资本市场和劳动力市场不完全竞争程度较高，存在着大量限制资本和劳动力流动的壁垒，因此资本深化并未能较好地推动绿色生产率增长。

表8-2 江西省绿色生产率增长影响因素的实证检验结果

变量	因变量：GTFP		因变量：GTFP	
	系数	t值	系数	t值
常数项	-0.6703*	-1.844	0.4184	0.373
$GTFP_{it-1}$	0.5529***	4.477	1.0371	1.017
$lnCL_{it}$	—	—	-0.0075	1.384
$R\&D_{it}$	—	—	0.0686**	-2.101
EH_{it}	—	—	-0.0125***	3.782
OP_{it}	—	—	0.0083**	2.397
SOE_{it}	—	—	0.0647	1.655
t	—	—	0.0581**	2.295
t^2	—	—	-0.06401*	-1.946
Hansen 检验	0.4671	—	0.5037	—
AR_ 1	0.0381	—	0.0581	—
AR_ 2	0.4560	—	0.4494	—
观测值	154		154	

注：*、**和***分别表示在10%、5%和1%水平上显著；AR_ 1和AR_ 2分别表示误差项一阶和二阶自相关检验值，报告的均为系统广义矩的估计结果。

研发投入强度（R&D）系数为正，且在5%的水平上显著，这表明用研发投入强度表示的技术水平对各地区的绿色生产率有显著的促进作用。研究开发投入是绿色技术进步的重要推动力，在南昌市、新余市研发投入强度最高，较好地促进了这些地区的绿色生产率提升。

能耗强度（EH）系数显著为负，这意味着能耗强度对江西的绿色生产率存在负面影响，能耗强度越高，其带来的SO_2、CO_2等污染物的排放就越多，而且也意味着生产过程中投入的单位成本更高。比较江西省各地市，可以看到能耗强度较高的景德镇、萍乡等地市，绿色生产率较低。

对外开放程度（OP）的系数为正，且在5%的统计水平上显著，这说明对外开放对江西省各地市的绿色生产率增长产生了显著的正向效应。对外开放对绿色生产率增长的影响常被认为是一把“双刃剑”。一方面，对外开放可以带来国外先进的技术、先进的管理经验，通过示范效应和竞争效应促进国内企业技术水平的提高；同时对国内要素的优化配置也有一定的促进作用，从而推动国内生产率的增长。另一方面，对外开放过程中相对落后的地区可能被沦为“污染避风港”，从而导致较为严重的环境污染，导致绿色生产率下降。对外开放对一个地区绿色生产率的作用主要取决于这一正一负两种效应的对比。这表明在江西省对外开放带来的正向效应大于负向效应，促进了绿色生产率的增长。

国有企业产业比重（SOE）系数为正，但不显著，这表明在江西省的国有企业对绿色生产率增长并未起到显著的推动作用，这与 Chen 和 Golley（2014）利用中国工业行业层面的研究结论不同。我们认为这主要是由于江西省的国有企业大部分都是资源依赖型的企业，比如钢铁企业、有色金属企业、建材生产企业等，这些企业大都是高能耗、高污染，生产率较低下，因此，这些国有企业对绿色生产率并无突出的正向影响作用。

8.5 结论与政策建议

利用方向距离函数和 Malmquist - Luenberger 指数，基于 2000 ~ 2013 年江西省地市的工业数据，比较分析了各地市之间工业绿色生产率的增长情况，并且采用动态面板数据的研究方法研究了江西省工业绿色生产率的影响因素。整体而言，江西省各地市绿色增长率水平较低，虽然近十多年来，江西工业经济得到了较大程度的发展，但是产能较落后，很多工业产业都是属于高能耗、高排放的资源依赖性产业。相比较而言，南昌市、九江市和新余市通过产业升级，积极调整产业结构，在招商引资过程中引入一些高新技术的现代化制造业，工业绿色生产率为正值。技术进步是推动各地市绿色生产率增长的最主要因素，各地级市效率改善较小，仅南昌市一地工业的效率改善为正，

其余地级市工业的效率改善均为负值。

使用动态面板数据的估计结果发现，资本深化并未能较好地推动绿色生产率增长；研发投入强度表示的技术水平对各地区的绿色生产率有显著的促进作用；能耗强度对江西的绿色生产率存在负面影响；而对外开放带来的正向效应大于负向效应，促进了绿色生产率的增长。

根据研究结论，可以得到如下几个政策建议：①各地区要重视工业的绿色增长问题，必须要在增加工业产值的同时，严格采取措施控制污染排放，政府要加快江西省落后产能的淘汰、升级。继续重视技术进步的重要作用，尤其是绿色生产率较低的地市，更是要通过自主创新、引进先进技术等方法推动绿色生产率提高。②继续深化制度改革，除去各种阻碍要素流动的壁垒，引入竞争机制，促进江西省要素的优化配置，促使更多的要素往绿色生产率较高的行业和地区流转，从而提升加总的绿色生产率。③在原有的基础上，继续尽可能地推动各地区的研发投入（R&D）的稳定增长，并且在研发投入中既要注重对工业新产品的开发，同时也要注重降低能耗、降低污染物排放的新技术和新工艺的研发和引进。④继续扩大对外开放，但是要注意招商引资的质量，相对落后的地区不能出现所谓的“引资饥渴症”，不顾后果引入一些落后产能，这必将带来无穷的恶果。⑤针对实力较雄厚的国有企业，要鼓励其转变发展思路，用绿色创新促进企业发展。而对于落后产能的国有企业，要采取较严格的规制措施，并开拓退出机制，促使其转型升级，甚至退出市场。

第9章　经济增长中能源消费与碳排放的预测分析

——基于江西省的研究

自改革开放以来江西省经济高速增长创造了巨大的物质财富，老百姓的生活水平有了较大程度的提高。然而，在这种可喜的发展背后同时也面临着许多严峻的问题。当前最突出的问题之一就是长期粗放型增长模式下，能源约束不断趋紧，环境问题愈发凸显。这意味着能源和环境已经逐渐成为江西省经济增长的“瓶颈”因素，能源消费及环境污染的整体形势不容乐观。

在全面协调可持续发展成为时代主题的时期，作为经济正在加快发展的省份，江西省非常有必要协调好经济增长与能源消费和环境污染之间的关系。因此，采用较为可靠的研究方法，对江西省未来几年的经济增长、能源消费、污染排放的总量进行预测，这对于地方政府部门制定长远规划、实施相应的战略决策，从而促进地方经济的健康、稳定、可持续发展都有重要的意义。

9.1　理论分析

使用较先进的预测技术对于一个地区能源生产、分配、使用，环境保护与经济增长进行合理预测对于地区的可持续发展具有重要的意义。当前预测技术主要分成三种：多变量模型、单变量时间系列模型、非线性模型。多变量模型和协整技术经常用于分析和预测能源消费。

多变量模型非常突出的局限性在于，其对预测期中自变量数据的有效性和可靠性具有非常强的依赖性，也就是说，对于数据的收集和估计过程要求较高。而单变量时间系列模型与多变量模型存在较大的差异性，其只需要变量的历史数据就能够预测其将来的变化趋势。单变量的 ARIMA（自回归求和移动平均）被大量运用在能源消费、环境、金融等问题的预测中；但是，这种方法的使用需要大量的可观察变量才能得到较为可靠的预测结果。

由于能源消费存在较大的波动性，一些智能非线性预测模型，比如人工神经网络、模糊控制方法及一些混合模型在用于预测能源需求中更具效率。然而，这些方法的预测结果也严重地依赖于数据的数量及数据的代表性，而且其存在的局限性也是难以克服的。

像中国这样快速发展的发展中国家，能源需求、污染排放和 GDP 等变量的时间序列数据随着时间的推移会存在较大的波动，这必然会影响到数据的有效性和代表性，进而影响到预测结果。而灰色系统模型其优点就是在于能够在系统处于较复杂、不确定、混沌的情况下，将系统视为“黑盒”，对数据质量要求较低，从而对事物的发展进行预测。

近年来，国内也开始采用一些先进的方法对国内能源消费和碳排放的情况进行预测，然而，国内基本上不存在着眼于一个省份，将经济增长、能源消费和环境污染融入一个预测模型进行预测的研究；而且已有的预测研究中并没有较好地考虑经济增长与环境污染之间存在的非线性关系，这必然会影响到预测结果的可靠性。本章使用最新发展起来的非线性灰色伯努利模型，既考虑了变量之间的非线性关系，又克服了区域经济增长、能源消费、环境污染等变量数据的不稳定性，从而在对江西省经济增长、能源消费、环境污染的关系研究及预测过程中能够得到较为稳定而可靠的结果。

9.2 研究设计

9.2.1 碳排放量的计算

目前，我国各统计部门并未有针对碳排放的统计，因此，我们必须计算江西省各年的碳排放。国内研究中度量地区二氧化碳排放的方法主要是在联合国政府间气候变化专业委员会（IPCC）于2006年编制的《国家温室气体清单指南》的基础上来进行度量。计算公式如下：

$$C = \sum_{j=1}^{3} C_j = \sum_{j=1}^{3} (A_j \times H_j \times CI_j \times O_j \times B) \quad (9-1)$$

其中，C 为碳排放量，C_j 为第 j 种化石燃料燃烧排放的碳，A_j 为第 j 种化石燃料的消耗量，国内外学者一般将化石燃料归类三种：原煤、原油和天然气，所以本章中的 j 为 3，我们在后文计算时将各种燃料归总为这三类。H_j 为化石燃料的低位发热量，CI_j 为燃料的含碳量，O_j 为燃料的氧化因子，B 为二氧化碳与碳原子的质量比。

9.2.2 非线性灰色伯努利模型的预测方法

非线性灰色伯努利模型（Nonlinear Grey Bernoulli Model，NGBM），具有灰色系统模型（Grey Model，GM）的所有优点，能够在系统处于较复杂、不确定、混沌的情况下，将系统视为“黑盒”，对数据质量要求较低；同时该方法既考虑了变量之间的非线性关系，又克服了经济增长、能源消费、环境污染等变量数据的不稳定性，从而在对江西能源消费、碳排放关系及其预测过程中能够得到较为稳定而可靠的结果。

预测工具非线性灰色伯努利模型以灰色系统和普通的伯努利方程为基础，于是，在灰色系统的基础上，NGBM 存在：

$$u^{(0)}(k) + \alpha Z^{(1)}(k) = b[Z^{(1)}(k)]^i, \ i \in R$$

$$Z^{(1)}(k)=0.5[u^{(1)}(k)+u^{(1)}(k-1)],\ k=1,\ 2,\ \cdots,\ n \qquad (9-2)$$

i 的最优值由预测模型中的最小平均绝对误差（MAPE）决定。参数 a 和 b 可以用下式进行估计：

$$[a,\ b]^T=[B^TB]^{-1}B^Ty_n \qquad (9-3)$$

其中，$B=\begin{bmatrix} -Z^{(1)}(1)[Z^{(1)}(1)]^i \\ -Z^{(1)}(2)[Z^{(1)}(2)]^i \\ \\ -Z^{(1)}(n)[Z^{(1)}(n)]^i \end{bmatrix}$，并且 $y_n=\begin{bmatrix} u^{(0)}(1) \\ u^{(0)}(2) \\ \\ u^{(0)}(n) \end{bmatrix}$，$i\in R$

于是，响应方程为：$\hat{u}^{(1)}(k)=\left[\left(u^{(0)}(0)^{(1-i)}-\frac{b}{a}\right)e^{-a(1-i)k}+\frac{b}{a}\right]^{1/(1-i)}$，$i\neq 1$，并且 $k=0,\ 1,\ \cdots$。

预测值 $\hat{u}^{(0)}(k+1)$ 满足：

$$\hat{u}^{(0)}(k+1)=\hat{u}^{(1)}(k+1)-\hat{u}^{(1)}(k),\ k=0,\ 1,\ \cdots \qquad (9-4)$$

本章使用的数据来源于历年《江西省统计年鉴》和《中国能源统计年鉴》。

9.3 实证分析结果

9.3.1 描述性统计分析

综观 1995 ~2013 年江西省 GDP 的变化可以看到，江西省的经济增长迅速，从 1995 年的 1169.73 亿元上升到 2013 年的 14338.5 亿元，名义上增长了 11.25 倍，扣除通货膨胀，江西省的实际 GDP 也增长了 6 倍多。从图 9 -1 可以看到，江西省的 GDP 从 2001 年后增长最为显著。这种较突出的增长主要得益于工业的发展，随着中部崛起战略的实施，随着东部沿海地区的产业转移，江西作为中部吸纳东部产业转移的重点地区，进入 21 世纪以来工业得到了巨大的发展。2013 年，江西省规模以上工业企业 7601 家、增加值为 5755.51 亿元、从业人数为 220 余万；分别比 2000 年增长 114.2%、113.31%、103.71%。

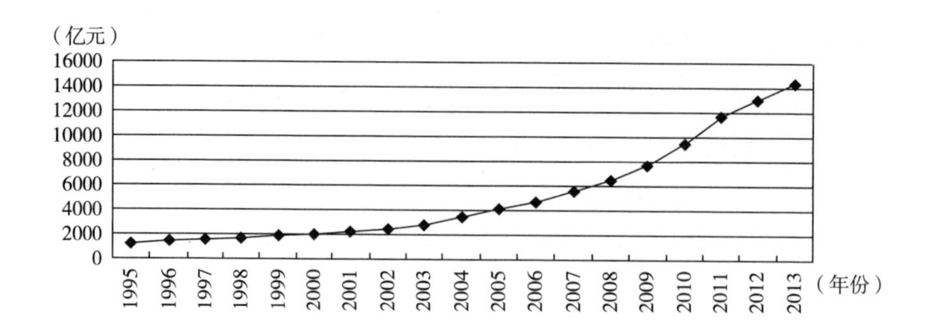

图 9－1　江西省 1995～2013 年 GDP 增长情况

但令人遗憾的是，随着江西省工业的发展能源消耗较多、增长较快，工业排放的环境污染物增长较快，对环境破坏较为明显。从图 9－2 可以看到江西省能源消耗从 1995 年的 2391.7 万吨标准煤增长到 2013 年的 7672.7 万吨标准煤，增长了 2.2 倍，其中平均每年约有 70% 能源消耗为煤炭，另有 10%～20% 的能源消耗为石油。从 GDP 的增长变化及能源消耗的增长变化对比我们可以看到一个可喜的现象，就是江西省 GDP 的增长快于能源消耗的增长，这表明江西省万元 GDP 的能耗在下降，江西省推行的节能政策取得了一定的效果。

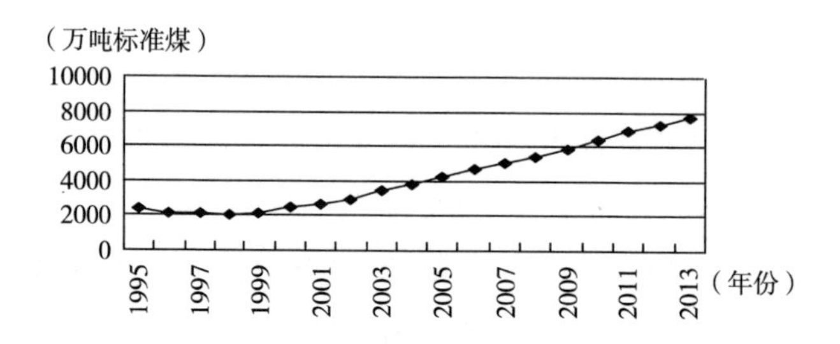

图 9－2　江西省 1995～2013 年能源消费量增长情况

由于能源中以煤炭和石油为主体，这必然导致江西省的碳排放程度较高，而且排放的废气和固体危险物增长非常突出，2000 年工业排放废气为 2220 亿立方米，而到了 2013 年该值已经增长到 15574 亿立方米，增长了 6 倍多；

同时，固体危险物排放从2000年的1.71万吨上升到2013年的44.17万吨，排放量增长了24.8倍。环境的污染在一定程度上抵消了改革开放和工业发展带来的成果，降低了人们的幸福指数。

按照我国能源统计的基本方法，化石能源可以被分为原煤、洗精煤、型煤、其他洗煤、焦炭、焦炉煤气、其他煤气、其他焦化产品、原油、汽油、煤油、柴油、燃料油、液化石油气、炼厂干气、其他石油制品和天然气共17类。我们利用江西省的能源平衡表数据来汇总分析17类能源的消耗量，然后利用能源加工转化率来将17类能源品种转化为原煤、原油和天然气三大类能源产品，采用公式（9－1）计算出江西省的碳排放总量，并将数据绘制成图9－3。可以看到，江西省碳排放量也呈现出快速增长的态势，1995年碳排放量为1566.17万吨，到了2013年已经增长到4743.3万吨，增长了2.02倍。比较江西省能源消费与碳排放两者的增长情况，可以发现江西省的碳排放量变化与GDP及能源消耗呈现出同步增长态势，尤其是与能源消耗表现出来高度的协调性，这说明碳排放主要由能源消耗所决定，由于江西省的能源消耗结构较为稳定，所以这种协调性较高。

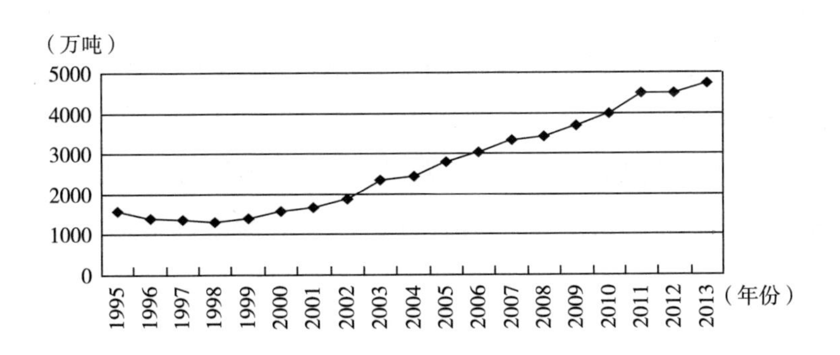

图9－3 江西省1995～2013年碳排放量增长情况

9.3.2 预测分析

为了能够预测未来若干年江西省能源消费、碳排放的增长情况，必须进一步分析江西省能源消费和碳排放增长的发展态势。根据已有数据，以2013年为基准，可以分析往前5年、10年、15年的能源消费、碳排放的增长情况，计算结果如表9-1所示。从表9-1可以看到江西省能源消费5年平均增长率为5.71%、10年平均增长率为7.58%、15年平均增长率为8.94%；碳排放5年平均增长率为5.19%、10年平均增长率为6.85%、15年平均增长率为8.53%。分析能源消费和碳排放年平均增长率情况可以看到，江西省的年平均增长率随着估计期间的缩短，均在降低，这表明江西省的能源消费、碳排放的增长率在缩小，这意味着江西省的节能减排举措显现了明显的作用，虽然能源消费总量和碳排放总量在持续增长，但是增长率呈现下降的趋势。

表9-1　能源消费、碳排放增长率（基准为2013年）　　单位：%

	能源消费平均增长率	碳排放平均增长率
5年	5.71	5.19
10年	7.58	6.85
15年	8.94	8.53

在预测过程中，不管是一般的灰色系统模型（GM）还是非线性灰色伯努利模型（NGBM），参数a、参数b的大小具有决定性的意义，由于GM是NGBM方法的计算基础，因此有必要根据灰色系统模型的计算原理及非线性灰色伯努利模型的计算方法，分别算出参数a、参数b的值，如表9-2所示。

表9-2　参数a、参数b的计算值（GM、NGBM模型）

参数	能源消费	碳排放 GM	能源消费	碳排放 NGBM
a	-0.083	-0.144	-0.1392	-0.087
b	28.118	2.671	41.081	1.794

计算出参数a、参数b的值后，利用相应的计算方法预测江西省能源消

费、碳排放量，预测结果如表9-3所示。预测方法有很多，预测的精度如何主要是使用某一段时间内预测值与真实值相比较，观察其差额，差额越小，则预测的精度越高。比较2010~2013年的江西省能源消费量和碳排放量的真实值与预测值，可以发现预测值与真实值相差不大，这说明我们的预测方法能够较好地预测这两个变量，且预测结果较好。从预测结果可以看到，到2022年江西省的能源消费量将达11066.1万吨标准煤，碳排放量达6282.4万吨；从2014年到2022年江西省能源消费量的年均增长率为4.06%，碳排放量的年均增长率为3.11%。江西省碳排放量的年均增长率小于能源消费量的年均增长率，这进一步说明江西省的能源结构在未来几年内有一定的优化，碳排放量的增长率呈下降趋势。

表9-3　江西省能源消费量、碳排放量的预测结果（NGBM模型）

年份	能源消费量（万吨标准煤）		碳排放量（万吨）	
	真实值	预测值	真实值	预测值
2010	6248.5	6248.5	3990.6	3990.6
2011	6928.2	6914.9	4506.7	4483.0
2012	7232.9	7228.4	4504.3	4504.3
2013	7672.7	7670.2	4743.3	4768.9
2014	—	8048.7	—	4917.2
2015	—	8375.4	—	5070.1
2016	—	8715.5	—	5227.8
2017	—	9069.3	—	5390.4
2018	—	9437.5	—	5558.0
2019	—	9820.7	—	5730.9
2020	—	10219.4	—	5909.1
2021	—	10634.3	—	6092.9
2022	—	11066.1	—	6282.4

9.4 结论与政策建议

本部分在统计分析江西省经济增长、能源消费及碳排放量现状的基础上，使用非线性灰色伯努利模型预测了江西省能源消费与碳排放的量值。研究发现江西省的经济在改革开放后增长迅速，1995～2013年，名义GDP上增长了11.25倍，其中工业经济发展做出了重要贡献。在这种可喜局面的同时，能源消费和碳排放急剧增长，对环境破坏较为明显。因此，使用科学的预测方法预测未来一定年份的能源消费和碳排放的量值，对于地方政府制定相应的政策措施，促进地方经济和谐发展具有重要意义。我们研究发现，整体而言，江西省的能源消费总量和碳排放总量在持续增长，但是增长率呈现下降的趋势。非线性灰色伯努利模型的预测值能较好地达到预测目的，预测发现到2022年江西省的能源消费量将达11066.1万吨标准煤，碳排放达6282.4万吨；从2014年到2022年江西省能源消费量的年均增长率为4.06%，碳排放量的年均增长率为3.11%。

研究给我们的政策建议在于：①在准确预测能源消费和碳排放的基础上，进一步优化江西省的能源结构，尽量使用可再生能源代替化石燃料，降低燃料燃烧带来的碳排放，尤其是加大太阳能、风能、水电能的开发利用及其在江西省工业生产中的应用。②继续促进江西省现代产业的建设，尤其要加大对先进制造业、现代化农业、服务业的支持力度，降低江西省对高能耗、高污染的高碳化工业的依赖程度。

第10章　高技术服务业与制造业融合对绿色技术创新效率的非线性影响

——基于动态门限回归模型的实证检验

创新是引领发展的第一动力。抓创新就是抓发展，谋创新就是谋未来。适应和引领我国经济发展状态，关键是要依靠科技创新转换发展动力。这进一步确定了创新在中国经济发展中的核心地位。随着中国工业化及城镇化进程的加速，环境污染问题日益严峻。绿色技术创新与传统技术创新不同之处在于，绿色技术创新强调与环境的和谐发展，依托科技达到节能环保的目的，并且能获得相应经济收益的经济活动。因此，倡导绿色技术创新在当前经济进入新常态时期，进一步促进经济高质量发展尤为重要。

制造业是我国国民经济的支柱产业，然而高能耗、高排放、低自主创新能力是困扰其持续发展，提升国际竞争力的主要问题。近年来，高技术服务业在全世界范围内快速发展，这种高技术的知识密集型服务业，其优势在于可以将高新技术“服务化”渗透到其他产业中，从而促进其他产业发展。比如，“互联网＋”就是典型的高技术服务业之一，信息传输、软件和信息技术服务业与传统产业融合的一种新兴经济形态，其可以优化生产要素、重构商业模式、更新业务体系等途径来促进技术创新，因此，高技术服务业与制造业的融合发展可能加速中国的绿色技术创新效率提升。

10.1 文献与理论

关于服务业与制造业融合的研究，始于 Vandermerwe 和 Rada（1988），他们首次提出制造业服务化的概念，并深入分析了企业服务化的主要动机，他们研究认为，制造业服务化对于企业长期发展具有重要的意义。在此基础上，出现了不少研究服务业与制造业融合影响企业绩效的文献。综合已有文献，可以看到服务业与制造业融合通过如下几个渠道影响企业绩效。一方面，制造业的服务化可以帮助企业的产品与竞争对手的产品区别开来；另一方面，制造业的服务化有利于增强顾客的忠诚度，有助于产品获得更高的市场价值和收益。

国内学者李文秀和夏杰长（2012）从技术变革的角度对制造业与服务业的融合方式进行了阐述，并提出了嵌入式、交叉式、捆绑式三种可提高创新能力的融合途径。张虎和韩爱华（2019）验证了制造业与生产性服务业协调发展所带来的空间协调发展问题，研究发现制造业与生产性服务业协调发展的正向溢出作用促进了区域协调发展。可以看到，研究服务业与制造业融合的文献日益增多，但国外文献主要聚焦其对企业绩效的影响，而国内研究主要衡量两者的融合程度的高低，或者关注融合对制造业本身所产生的影响，鲜有考察融合对绿色技术创新效率的影响。

就高技术服务业与制造业融合对绿色技术创新效率的影响机制而言，一方面高技术服务业与制造业融合有利于优化生产要素、促进技术溢出、拓展企业技术受益的范围、提升人力资本水平等渠道促进企业技术创新；另一方面也可以消减企业高污染的生产环节，降低企业能耗和污染排放，为提升绿色技术创新效率奠定坚实基础。

本部分区别已有文献的主要特色在于：第一，现有研究绿色技术创新效率的文献主要关注的是技术研发效率，忽视了其转化效率。我们根据技术创新的两阶段性，利用两阶段共享投入 DEA 将地区绿色技术创新效率分成绿

色技术开发效率和绿色技术转化效率。第二，现有研究产业融合非线性影响的文献大多采用静态门限面板忽视了因变量的动态效应，我们运用动态门限面板模型较好地弥补了传统的静态门限面板模型的不足，并且可以更好地克服变量之间的内生性，从而使得非线性估计结果更具稳健性。第三，现有研究产业融合门限效应的文献大多以产业融合度本身为门限，忽视了产业融合外部存在着不同金融发展水平和贸易开放程度等的重要影响。我们分别以金融发展和贸易开放为门限变量，更好地检验了不同金融发展水平和贸易开放度下，高技术服务和制造业融合对绿色创新效率的异质性动态影响效应。

10.2　核心变量构建

10.2.1　高技术服务业与制造业的融合度（DF）

我们参考张虎和韩爱华（2019）的研究，计算两者的耦合协调度来代理融合度。计算步骤如下：

第一步，计算系统耦合度：设 U_i 为这两产业耦合系统的综合序参量，x_{ij} 为第 i 个序参量的第 j 个变量值，并设立如下的有序功效模型：$U_{ij}=\frac{x_{ij}-min_{ij}}{max_{ij}-min_{ij}}$（其中 U_{ij} 为正指标），$U_{ij}=\frac{max_{ij}-x_{ij}}{max_{ij}-min_{ij}}$（其中 U_{ij} 为负指标），则各子系统对整个耦合系统的贡献值 $U_i=\sum_{i=1}^{n}\lambda_{ij}U_{ij}$，其中 λ_{ij} 为各子系统序参量所占的权重，之后可计算系统的耦合度 $C=2\sqrt{\frac{U_1U_2}{(U_1+U_2)^2}}$。

第二步，计算耦合协调度：由于耦合度可反映出系统间耦合程度的高低，但难以反映出其整体协调的情况而不能很好地表示产业融合水平，因此需进一步计算两产业的耦合协调度 $CR=\sqrt{C\times T}$，T 为反映两产业的综合协调系数，计算公式为 $T = \alpha \times U_1 + \beta \times U_2$，$\alpha + \beta = 1$，并取 α 为0.4，β 为0.6。根据已有文献，从科学性角度出发，我们从产业规模、产业结构、产业效益、产业潜力四个方面来确立高技术服务业与制造业的融合体系，并利用熵值法确定耦合系统的权重，测算数据为2003～2017年共30个省份（除西藏外）15年的面板数据，确立指标体系如表10－1所示。

表10－1 高技术服务业与制造业耦合协调度的变量选择

制造业子系统		高技术服务业子系统	
一级指标	二级指标	一级指标	二级指标
产业规模	销售产值	产业规模	增加值
	企业数量		法人单位数量
	从业人数		从业人数
产业结构	产值占比	产业结构	增加值占比
	从业人数占比		从业人数占比
产业效益	劳动生产率	产业效益	劳动生产率
	产值利润率		固定资产投资效果系数
产业潜力	人均年末金融机构各项贷款余额	产业潜力	人均年末金融机构各项贷款余额
	固定资产增长率		固定资产投资增长率
	就业人员增长率		就业人员增长率

10.2.2 两阶段绿色创新效率（GR）

创新研究的开创者熊彼特认为，创新是一个经济的整体概念，创新的目的是为了增加企业的盈利，增强竞争力，因此，需要实现有创新成果到经济产出的转化；故而创新应该存在研发和商业化两个阶段。已有文献较多仅考虑绿色创新的第一阶段，即研发阶段，但忽视了绿色创新的第二阶段。我们根据价值链原理，认为绿色创新效率应该包含过程与结果两个阶段，从而将地区绿色创新效率分成绿色技术开发效率和技术转化效

率。在此基础上，我们利用两阶段共享投入 DEA 计算地区绿色创新的技术开发效率和技术转化效率，这种方法下，绿色投入在绿色创新的两阶段实现共享。

首先，假设存在 n 个决策单元（DMU_j，$j=1$，…，n），共享的 m 种绿色投入满足 $X_j=(x_{1j}, \cdots, x_{mj})$，第一阶段（绿色技术开发）的产出为 $I_j=(I_{1j}, \cdots, I_{gj})$，这也是第二阶段（绿色技术转化）的投入组成部分。第二阶段的产出包括 s 种期望产出 $D_j=(d_{1j}, \cdots, d_{sj})$ 和 f 种非期望产出 $U_j=(u_{1j}, \cdots, u_{fj})$。

决策单元在第一阶段的绿色投入 X 并未完全耗费，有部分投入进入第二阶段；假设绿色研发和商业化阶段使用的绿色投入各自为 $\alpha_i X_{ij}$ 和 $(1-\alpha_i)X_{ij}$。用 v_i^1、v_i^2（$i=1, 2, \cdots, m$）分别表示两个阶段绿色创新投入的权重。用 h_r（$r=1, 2, \cdots, s$）表示第二阶段正产出的权重，用 g_k（$k=1, 2, \cdots, f$）表示第二阶段负产出的权重。而且，第一阶段的产出既是绿色技术开发的产出，又是第二阶段技术转化的投入组成部分，用 ω_p^1、ω_p^2（$p=1, 2, \cdots, q$）分别表示第一阶段产出在两个阶段各自的权重。于是，决策单元在第一阶段的投入和产出可以分别表示为：

$$\sum_{i=1}^{m} v_i^1 \alpha_i X_{ij}, \sum_{p=1}^{q} w_p^1 I_{pj} \tag{10-1}$$

在第二阶段技术转化的投入和产出可以分别表示为：

$$\sum_{i=1}^{m} v_i^2 (1-\alpha_i) X_{ij} + \sum_{p=1}^{q} w_p^2 I_{pj}, \sum_{r=1}^{s} H_r D_{rj} - \sum_{k=1}^{f} G_k U_{kj} \tag{10-2}$$

假设规模报酬可变，则第 z 个决策单元的绿色技术开发效率满足：

$$GR_z^1 = \left(\max \sum_{p=1}^{q} w_p^1 I_{pz} - \mu_1\right) / \sum_{i=1}^{m} v_i^1 \alpha_i X_{iz} \tag{10-3}$$

假设 $e=1/\sum_{i=1}^{m} v_{i=1}^1 \alpha_i X_{iz}$，使用 Charnes - Cooper 变换，将式（10-3）转换成线性模型，于是第 z 个决策单元的绿色技术开发效率可以表示为如下线性规划问题的最优值：

$$GR_z^1 = \max \sum_{p=1}^{q} W_p^1 I_{pk} - \mu_A$$

$$
\text{s.t.}\begin{cases}\sum_{i=1}^{m}\pi_i^1X_{ik}=1\\ \sum_{i=1}^{m}\pi_i^1X_{ij}-\left(\sum_{p=1}^{q}W_p^1I_{pi}-\mu_A\right)\geqslant 0,\ j=1,\ 2,\ \cdots,\ n\\ \sum_{i=1}^{m}V_i^2X_{ij}-\sum_{i=1}^{m}\pi_i^2X_{ij}+\sum_{p=1}^{q}W_p^2I_{pi}-\left(\sum_{r=1}^{s}H_rD_{rj}-\right.\\ \qquad\left.\sum_{k=1}^{f}G_kU_{kj}-\mu_B\right)\geqslant 0,\ j=1,\ 2,\ \cdots,\ n\\ V_i^2\geqslant\pi_i^2\geqslant\varepsilon;\ H_r、G_k、\pi_i^1、W_p^1、W_p^2\geqslant\varepsilon,\ j=1,\ 2,\ \cdots,\ m\end{cases}\tag{10-4}
$$

其中，满足 $V_i^1\alpha_i=\pi_i^1$，$V_i^2\alpha_i=\pi_i^2$，$V_i^1=ev_i^1$，$V_i^2=ev_i^2$，$W_p^1=ew_p^1$，$W_p^2=ew_p^2$，$H_r=eh_r$，$G_k=eg_k$，$\mu_A=e\mu_1$，$\mu_B=e\mu_2$。

其次，绿色技术转化效率可以表示为如下线性规划问题的最优值：

$$
GR_z^2=\max\sum_{r=1}^{s}H_rD_{rj}-\sum_{k=1}^{f}G_kU_{kj}-\mu_B
$$

$$
\text{s.t.}\begin{cases}\sum_{i=1}^{m}V_i^2X_{ij}-\sum_{i=1}^{m}\pi_i^2X_{ij}+\sum_{p=1}^{q}W_p^2I_{pi}=1\\ \sum_{i=1}^{m}\pi_i^1X_{ij}-\left(\sum_{p=1}^{q}W_p^1I_{pi}-\mu_A\right)\geqslant 0,\ j=1,\ 2,\ \cdots,\ n\\ \sum_{i=1}^{m}V_i^2X_{ij}-\sum_{i=1}^{m}\pi_i^2X_{ij}+\sum_{p=1}^{q}W_p^2I_{pi}-\left(\sum_{r=1}^{s}H_rD_{rj}-\right.\\ \qquad\left.\sum_{k=1}^{f}G_kU_{kj}-\mu_B\right)\geqslant 0,\ j=1,\ 2,\ \cdots,\ n\\ V_i^2\geqslant\pi_i^2\geqslant\varepsilon;\ H_r、G_k、\pi_i^1、W_p^1、W_p^2\geqslant\varepsilon,\ j=1,\ 2,\ \cdots,\ m\end{cases}\tag{10-5}
$$

投入变量采用创新投入和能源投入。①创新投入，包括人力和资金投入两部分。创新人力投入，采用各地区研究与试验发展人员全时当量代理。创新资金投入，应用研究与试验发展经费内部支出代理。②能源投入，使用各地区年度工业能源消费总量测度。

第一阶段（绿色技术开发）产出使用地区专利授权量衡量。第二阶段（绿色技术转化）产出包括期望产出和非期望产出。期望产出使用各地区新

产品销售收入和工业增加值代理；非期望产出为负产出，主要是指环境污染排放，一般包括固体废弃物、废水和废气排放。由于不同种类的废弃物对环境的负面影响不一，同时由于 SO_2 作为主要的环境管制物，统计相对完善，因此，我们采用各地区工业排放的 SO_2 量代理非期望产出。

10.3　模型、指标构建与数据描述

10.3.1　模型设定

本章使用由 Kremer 等（2013）发展出来动态门限回归进行分析；与一般的门限回归相比，该方法能够更好地克服自变量与因变量之间的内生性，从而使非线性估计结果更具稳健性。根据已有文献，我们选取地区金融发展、贸易开放为门限变量，构建动态门限面板模型。

$$GR_{it} = \mu_i + \alpha GR_{it-1} + \beta_1 DF_{it} I(FinD_{it} \leqslant \gamma) + \delta I(FinD_{it} \leqslant \gamma) + \beta_2 DF_{it}(FinD_{it} > \gamma) + \varphi X_{it} + \varepsilon_{it} \quad (10-6)$$

$$GR_{it} = \mu_i + \alpha GR_{it-1} + \beta_1 DF_{it} I(Open_{it} \leqslant \lambda) + \delta I(Open_{it} \leqslant \lambda) + \beta_2 DF_{it}(Open_{it} > \lambda) + \varphi X_{it} + \varepsilon_{it} \quad (10-7)$$

式中，I（*）为示性函数，γ 为门限值。FinD、Open 分别为门限变量——地区金融发展、贸易开放水平。动态门限面板式（10-6）和式（10-7）与一般门限面板模型相比，其引入了因变量的滞后一期项，同时考虑了截距门限效应以克服无截距门限效应带来的有偏性。式中，δ 为消费结构升级对地区绿色创新绩效的截距门限效应；为消除个体固定效应，根据 Arellano 和 Bover（1998）的建议，我们对式（10-6）和式（10-7）进行前向正交离差变换，误差项满足如下变换式：

$$\varepsilon_{it}^* = \sqrt{\frac{T-t}{T-t+1}}\left[\varepsilon_{it} - \frac{1}{T-t}(\varepsilon_{it+1} + \cdots + \varepsilon_{iT})\right] \quad (10-8)$$

误差项 ε 和 ε^* 不存在序列相关，方差计算遵循如下公式：

$$Var(\varepsilon_{it}) = \sigma^2 I_T;\ Var(\varepsilon_{it}^*) = \sigma^2 I_{T-1} \tag{10-9}$$

式（10－6）和式（10－7）的其他变量经变换后的形式和误差项一致。在动态门限面板模型的估计中，Kremer 等（2013）认为，工具变量过多可能导致参数估计结果产生有偏性，而且对于样本量有限的回归模型，参数估计的无偏性与有效性还会存在取舍的问题。我们使用解释变量——高技术服务业与制造业融合度的滞后一期项作为工具变量。

10.3.2 门限变量设定

我们借鉴已有文献，认为主要有两个因素对高技术服务与制造业融合的绿色技术创新效率影响效应产生最为突出的门限作用，主要是金融发展与贸易开放。

金融发展（FinD）。创新的产生和创新成果的转化都离不开资金的支持，创新需要固定的成本投入，而且创新活动具有较高的风险性，因此企业技术创新需要有较充足的资金支持。发达的金融市场有助于创新企业更好地获得资源，使其能够更好地制定可行的创新战略，有利于将创新思想商品化。我们用最具代表性的指标——金融相关比率，即以金融机构提供给私人部门贷款总额与 GDP 的比值度量并取对数。

贸易开放（Open）。贸易开放带来的技术溢出效应、市场竞争效应、示范效应等影响效应被证明对技术创新产生重要作用。用各地区各年进出口总值与 GDP 的比值衡量，在模型中取对数。

10.3.3 控制变量

我们采用如下几个变量作为控制变量：

（1）人力资本水平（Labor）。人力资本是影响创新的重要因素，我们使用居民平均受教育年限和总人口数量的比值来表示，在计算居民平均受教育年限方面，将居民受教育程度划分为小学（primary）、初中（junior）、高中（senior）、大专及以上（college）四类教育，将各类教育的平均累计受教育年限设定为6年、9年、12年、16年，其计算过程如下：

$$labor_{it} = (6 \times primary_{it} + 9 \times junior_{it} + 12 \times senior_{it} + 16 \times college_{it}) / population_{it} \tag{10-10}$$

（2）产学研强度（InQ）。科研机构与企业间的交流合作是促进创新的重要因素之一，我们利用企业 R&D 经费外部支出中高校和研发机构的金额占企业 R&D 经费内部支出的比重来衡量。

（3）政府支持力度（Gov）。我们利用各省份研究开发经费占总财政支出的比重测度。

10.3.4　数据来源

根据国家统计局的标准，我们定义的高技术服务业主要指信息传输、软件和信息技术服务业、科学研究和技术服务业。研究的空间单位为中国内地除西藏外的 30 个省级单位，数据来源于 2003 ~ 2017 年的《中国统计年鉴》《中国科技统计年鉴》《中国环境统计年鉴》《中国能源统计年鉴》《中国工业经济统计年鉴》及各省统计年鉴。

10.4　实证结果

10.4.1　绿色技术创新效率的计算结果

根据两阶段共享投入 DEA 的计算结果，绿色技术创新效率的平均值如表 10 - 2 所示。从全国范围来看，北京、上海、江苏、浙江、广东等省份的绿色技术开发效率均值最高；绿色技术转化效率排前五位大致也是这些省市。分区域来看，东部省份最高，中部省份次之，西部省份最低。对于大多数省份而言，绿色技术转化效率要低于绿色技术开发效率，这说明在我国大多数地区在促进研发成果转化为产品方面能力一般，在绿色技术转化阶段协调经济效益和环境、生态代价的能力方面还有待提高，还存在大量制约研发成果转化为现实生产力的影响因素。

表 10－2　绿色技术开发效率和技术转化效率的平均值

省份	绿色技术开发效率	绿色技术转化效率	省份	绿色技术开发效率	绿色技术转化效率
北京	0.988	0.896	河南	0.799	0.471
天津	0.829	0.638	湖北	0.822	0.504
河北	0.821	0.571	湖南	0.705	0.584
山西	0.697	0.482	广东	0.915	0.807
内蒙古	0.744	0.530	广西	0.711	0.468
辽宁	0.872	0.709	海南	0.783	0.532
吉林	0.799	0.615	重庆	0.774	0.564
黑龙江	0.858	0.639	四川	0.735	0.613
上海	0.983	0.911	贵州	0.582	0.434
江苏	0.943	0.804	云南	0.695	0.482
浙江	0.927	0.810	陕西	0.633	0.401
安徽	0.740	0.622	甘肃	0.506	0.394
福建	0.825	0.769	青海	0.492	0.322
江西	0.796	0.639	宁夏	0.488	0.309
山东	0.893	0.714	新疆	0.590	0.365

10.4.2　高技术服务业与制造业融合对绿色技术创新效率的动态门限效应：以金融发展水平为门限

以绿色技术创新效率的两阶段——绿色技术开发效率和绿色技术转化效率为因变量，以高技术服务业与制造业融合度为自变量，金融发展水平为门限变量，考察两产业在不同的融合程度下对绿色技术创新效率的影响，检验结果如表 10－3 所示。

表 10－3　动态面板门限模型回归估计结果：以金融发展水平为门限

门限变量为金融发展	绿色技术开发效率(1)	绿色技术开发效率(2)	绿色技术转化效率(3)	绿色技术转化效率(4)
第一部分：门限值估计				
γ 置信区间	0.376 [0.368，0.390]	0.389 [0.375，0.396]	0.681 [0.676，0.685]	0.694 [0.680，0.702]
第二部分：高技术服务业与制造业融合对绿色技术创新效率的影响效应估计				
β_1	0.117*** (5.263)	0.079*** (6.045)	0.117*** (5.263)	0.206*** (8.140)
β_2	0.395*** (4.176)	0.146*** (7.206)	0.395*** (4.176)	0.514*** (4.957)
δ	1.802*** (3.849)	1.247*** (3.283)	1.802*** (3.849)	1.609*** (3.482)
GR_{it-1}	0.664*** (4.782)	0.597*** (5.049)	0.664*** (4.782)	0.869*** (5.127)
Labor	—	0.378*** (5.476)	—	0.523*** (7.486)
lnQ	—	0.198*** (7.253)	—	0.501*** (4.982)
Gov	—	0.203*** (8.794)	—	0.265*** (5.530)
Fin≤γ 样本数	288	288	365	365
Fin＞γ 样本数	162	162	85	85

注：置信区间为 95% 的置信度，括号内为 t 值，*、** 和 *** 分别表示在 10%、5% 和 1% 水平上显著。

将第（1）列与第（2）列，第（3）列与第（4）列相比，后者纳入了控制变量。因此，我们以第（2）列和第（4）列的结果为分析对象。可以看到，高技术服务业与制造业融合对绿色技术开发效率和绿色技术转化效率均存在非线性的动态金融发展水平的门限效应。以门限值为准将样本划为低金融发展水平区制和高金融发展水平区制。对于绿色技术开发效率，金融发展的门限值为 0.389，而对于绿色技术转化效率，金融发展的门限值为 0.694，这表明高技术服务业与制造业融合对绿色技术转化效率的影响作用比绿色技术开发效率存在更高的金融发展门限。

观察第（2）列、第（4）列中的斜率门限效应和截距门限效应系数，β_1、β_2、δ 均显著。对于绿色技术开发效率，$\beta_1 = 0.117$、$\beta_2 = 0.395$、$\delta = 1.802$，表明地区在金融发展的低水平区制，高技术服务业与制造业融合对绿色技术开发效率的促进作用相对较小，影响系数为 0.117；当金融发展水平跨过门限值 0.389 到达高区制后，高技术服务业与制造业融合对绿色技术开发效率的促进作用增大为 0.395。同样地，对于绿色技术转化效率，$\beta_1 = 0.079$、$\beta_2 = 0.146$、$\delta = 1.247$，这说明地区在金融发展的低水平区制，高技术服务业与制造业融合对绿色技术转化效率的促进作用要更小，影响系数为 0.079；当金融发展水平跨过门限值 0.292 到达高区制后，高技术服务业与制造业融合对绿色技术转化促进作用得到增强，斜率为 0.146。实证结果表明，高技术服务业与制造业融合对绿色技术创新效率促进作用，需要较发达的金融市场作为支撑。一方面，由于高技术服务业本身也是资本密集型的行业，金融发展为高技术服务业与制造业融合提供了充足的资金支持；另一方面，企业绿色技术创新需要有丰富的资金以支撑其创新过程。发达的金融市场有助于企业更好地分散创新的风险，使其能够更好地进行创新生产。在金融发展水平较低的情况下，高技术服务业与制造业融合对绿色技术开发效率和转化效率的促进作用均较小；越过金融发展门限值后，高技术服务业与制造业融合对绿色技术开发效率和转化效率的促进作用得到了明显的增强。

对于控制变量，人力资本与产学研合作均表现出对绿色技术开发效率和技术转化效率产生了显著的正向作用，且分别在 1% 和 5% 水平上显著；这表明地区内各种要素向城市集中以及多样化的分工协作过程对于区域创新发展是必要的，而创新水平的提升与知识储备息息相关，学校教育作为中间平台在此发挥了重要作用，同时高校等研发部门与地方企业的合作共赢有助于将技术的基础理论商业化，这种创新要素的有机组合会产生一定的规模经济效益，也促进了创新效率的提高；但政府支持程度对区域创新效率的影响系数

为 -3.126，并在 1% 水平上通过显著性检验，显示出政府支持对于创新效率的不利影响，造成这样的结果通常是由于企业过分依赖政府的科技投入而忽视自身的技术革新，这样的企业一般是研发力量较弱的老企业和中小型企业，政府的支持无法促进其自主地投入资金进行研发生产，与其他科技力量较强的新型企业相比处于劣势，也使这样的资金支持没有得到充分利用，因此也在一定程度上拖累了当地的创新水平。

10.4.3　高技术服务业与制造业融合对绿色技术创新效率的动态门限效应：以贸易开放为门限

同样，以贸易开放程度为门限变量，探讨高技术服务业与制造业融合度对绿色技术创新效率的影响效应，结果如表 10-4 所示。从第（2）列、第（4）列可以看到，高技术服务业与制造业融合对绿色技术开发效率和技术转化效率也均存在以地区贸易开放为门限的非线性动态作用，各省份被分成低贸易开放区制和高贸易开放区制。对于绿色技术开发效率，贸易开放水平的门限值为 0.177，而对于绿色技术转化效率，贸易开放的门限值为 0.362，这表明对于绿色技术转化效率，高技术服务业与制造业融合要发挥作用比绿色技术开发效率需要更高的贸易开放水平的门限值。

表 10-4　动态面板门限模型回归估计结果：以贸易开放程度为门限

门限变量为贸易开放	绿色技术开发效率（1）	绿色技术开发效率（2）	绿色技术转化效率（3）	绿色技术转化效率（4）
第一部分：门限值估计				
γ 置信区间	0.292 [0.248，0.311]	0.577 [0.541，0.598]	0.177 [0.146，0.224]	0.177 [0.146，0.224]
第二部分：高技术服务业与制造业融合对绿色技术创新效率的影响效应估计				
β_1	0.117*** （5.263）	0.079*** （6.045）	0.117*** （5.263）	0.206*** （8.140）

续表

门限变量为贸易开放	绿色技术开发效率(1)	绿色技术开发效率(2)	绿色技术转化效率(3)	绿色技术转化效率(4)
β_2	0.395*** (4.176)	0.146*** (7.206)	0.395*** (4.176)	0.514*** (4.957)
δ	1.802*** (3.849)	1.247*** (3.283)	1.802*** (3.849)	1.609*** (3.482)
GR_{it-1}	0.664*** (4.782)	0.597*** (5.049)	0.664*** (4.782)	0.869*** (5.127)
Labor	—	0.311*** (7.239)	—	0.523*** (7.486)
InQ	—	0.463*** (6.295)	—	0.501*** (4.982)
Gov	—	0.193*** (3.230)	—	0.265*** (5.530)
Fin≤γ样本数	314	381	235	235
Fin>γ样本数	286	219	265	265

注：置信区间为95%的置信度，括号内为t值，*、**和***分别表示在10%、5%和1%水平上显著。

第（2）列中的斜率门限效应和截距门限效应系数β_1、β_2、δ均显著，且$\beta_1=0.206$、$\beta_2=0.514$、$\delta=1.609$，这说明地区在贸易开放的低水平区制，高技术服务业与制造业融合对绿色技术开发效率的促进作用要更小，影响系数为0.206；当贸易开放水平跨过门限值0.362到达高区制后，高技术服务业与制造业融合对绿色技术开发效率促进作用更大，斜率为0.514。

然而，在第（4）列中，β_1不显著，β_2、δ均显著，且$\beta_2=0.263$、$\delta=1.566$，这说明地区在知识产权保护的低水平区制，消费结构升级对绿色技术转化效率的促进作用要更小，影响系数为0.102；当知识产权保护水平跨过门限值0.177到达高区制后，消费结构升级对绿色技术转化促进作用得到增强，斜率为0.263。这也从另一个角度解释了前文的结论，由于东部省份基

本处于金融发展和知识产权保护水平的高区制，因此东部省份无论是对于绿色技术开发效率还是技术转化效率，消费结构升级都发挥了比中西部省份更突出的作用，消费结构升级对绿色创新效率的作用斜率更大。

高技术服务业与装备制造业在融合发展中无疑需要更为先进的管理理念与技术水平，而通过与国际接轨吸收更多有用的经验是一个较好的途径，低度对外开放水平下，较为闭塞的信息交流环境不利于两产业的技术进步与协调发展，从而对创新效率有一定程度的抑制作用，而随着对外开放水平的提升，这种情况出现扭转，在中度对外开放水平下两产业融合展现出对创新效率的促进作用，其系数为0.212并在1%水平上通过显著性检验，且该区间为提升创新效率的最优区间，在达到高度对外开放水平时，两产业融合对区域创新效率的正向影响有所下降，其影响系数为0.016，并在5%水平上通过显著性检验，这可能是因为处于高度对外开放水平的大多为经济发达地区，高技术服务业与装备制造业发展态势良好与国外的技术差距并不大，而此时出于商业的自我保护意识国外更加核心和尖端的知识技术难以通过对外贸易形式流入我国，因此，该区间内两产业融合对创新效率的正向作用不如在中度对外开放水平下的影响程度大，这也从侧面反映了企业提升自身业务水平和推进技术革新的重要性。

10.5 研究结论与政策建议

基于1998～2017年的地区数据，在使用两阶段共享投入DEA测度地区绿色创新效率基础上，本部分利用空间联立面板模型检验了消费结构升级与地区绿色创新效率之间的空间交互关系。然而，我们的研究表明整体上消费结构升级促进了地区绿色技术开发效率和技术转化效率提升，且存在空间溢出性；但是仅绿色技术转化效率对消费结构升级有显著的反作用，绿色技术开发效率作用不显著。而且比较来看，在互促效应中，消费结构升级占优势地位。分东部地区、中西部地区的检验表明，交互作用存在明显的空间异质性，其中东部地区更突出。进一步使用能够更好地克服自变量与因变量之间的内生性的动态门限面板模型，实证发现，消费结构升级对绿色技术转化效率和技术转化效率存在以地区金融发展和知识产权保护为门限的非线性动态影响，并且比较来看，对绿色技术转化效率作用存在更高的门限值。依据门限值把地区分成高、低两个区制，在高区制，消费结构升级对绿色技术开发效率和技术转化效率均有更强的促进作用。

本部分的政策建议在于：第一，在当前的改革中，不能割裂需求与供给间的互动关系，不仅要重视需求改革，促进消费结构升级，更重要的是政府应该借助消费结构升级的推动力，顺势引导企业进行绿色创新，提升区域绿色技术开发及技术转化效率。而且同时也要注意供给对需求的反作用，以发挥绿色创新对消费结构升级的引领作用，做到双向共同发力，助推地区经济和谐、稳步发展。第二，在当今创新型社会构建过程中，政府不仅要制定政策鼓励研究开发，更关键的是要推动企业或科研机构及时将绿色创新思想、技术商品化、产业化。一方面，要完善科技成果交易市场，规范研发成果的交流和推广渠道，让更多的绿色研发成果能够得到商业化的支持；另一方面，利用税收优惠、信贷扶持等手段支持企业将绿色技术开发成果的转化，提升地区绿色创新的技术转化效率。第三，要重视消费结构升级及地区绿色创新绩效的空间溢出作用。尽快破除地区之间的市场壁垒，加快地区要素市场建设，促进科技要素的跨地区流通，加强地区之间的科研、经济及环境治理的合作。第四，发挥需求侧改革红利，利用消费结构升级促进地区绿色创新，特别是在促进绿色技术转化效率提升的过程中，要结合地方的实际情况，尤其是在中西部地区金融发展和知识产权保护的低区制省份，必须同时推进地方金融市场改革，促进金融发展，加强知识产权保护，使低区制省份能够向高区制省份转变，以更好地发挥消费结构升级对绿色创新绩效提升的积极作用。

第 11 章　地区经济发展对绿色水资源利用效率的非线性影响

——以江西省为例

水资源是人类生存与发展的基本资源，然而我国人均水资源相对匮乏；长期以来与粗放式的高速经济增长相伴随的是水资源的粗放使用及水环境的严重污染，这对水资源的可持续利用带来很大的威胁；因此提高水资源利用效率是促进水资源可持续发展的关键。

在可持续发展成为时代主题的今天，各种影响水资源利用效率有效的手段和渠道都应积极发挥效用。我们聚焦于绿色水资源利用效率，其可以通过刻画水资源投入、经济产出与污染排放的关系，从而为水资源可持续发展提供依据。我们从经济发展的角度入手，并使用更为稳健可靠的动态门限回归模型探讨了地区经济发展对江西绿色水资源利用效率的影响效应；从而为江西相关部门制定长远规划、实施生态文明示范区的相关政策，加强水资源的合理利用，完善水环境的保护以及促进地区经济的健康、稳定、可持续发展提供可供借鉴的参考。

11.1　文献综述

环境恶化与经济发展之间的关系在过去的 30 年里一直备受争议。最具代表性的文献是 Grossman 和 Krueger（1995），他们认为用人均收入来衡量的经济发展水平与环境效率之间存在着倒 U 型关系，描述成曲线称为环境 Kuznets 曲线（EKC）。后续存在大量的文献检验环境 Kuznets 曲线的存在性。

Sugiawan 和 Managi（2016）以印度尼西亚为例，考虑了自回归分布滞后（ARDL）方法检验 EKC 假说的存在性。他们发现在印度尼西亚，经济发展与环境效率之间存在倒 U 型曲线。Shahbaz 等（2017）对非洲 19 个国家的 EKC 假说进行了类似的研究，研究表明，有 6 个国家存在 EKC，2 个国家存在 U 型曲线。

然而，一些研究人员也发现了 EKC 假设的负面证据。在国内，翁智雄等（2019）运用河北数据发现，CO_2 排放的变化与经济增长保持一致，经济增长越快，CO_2 的排放量越大，CO_2 排放量直接取决于经济增长质量。张庆宇等（2019）运用 EKC 和 STIRPAT 模型对中国人均 GDP 和人均碳排放的关系以及影响中国碳排放的因素进行分析。他们研究发现人均 GDP 和人均碳排放遵循环境库兹涅茨曲线倒 U 型的规律。

从已有文献可以看到：①国内外研究经济发展与环境污染的关系，或者检验环境 Kuznets 曲线存在性的文献，结论尚存在较大的争议，因此有必要结合地方的实际情况进一步深入研究。②已有研究主要研究大气污染，尤其是较多探讨经济发展与碳排放和 SO_2 的关系，较少涉及水污染及水资源利用效率的问题。然而水污染与大气污染一样是影响可持续发展的重要因素；因此研究地区经济发展与水资源利用效率的关系，可以弥补现有研究的不足。③虽然国内外对水资源利用效率的文献日益丰富，但是这些文献大多仅考虑水资源的投入，并未同时考虑水污染问题。事实上，在中国尤其是南方，由于水污染带来的水质性缺水才是水资源利用存在问题的关键，因此在研究水资源技术效率中，必须要合并考虑水资源、经济产出与污染排放等问题。

基于此，本章首先将环境因素——水污染考虑到水资源利用效率的评价中，借助于更具灵活性的基于参数估计的双曲线距离函数方法，将水足迹、劳动力和资本作为投入，将 GDP 作为期望产出和水污染作为非期望产出，测度了江西省绿色水资源利用效率。我们以经济发展、城镇化水平为门限变量，利用能够更好地克服自变量与因变量之间的内生性，从而使非线性估计结果

更具稳健性的动态面板门限回归模型，考察地区经济发展对江西省绿色水资源利用效率的非线性影响效应。

11.2　江西省地区绿色水资源利用效率的测算

目前水资源利用效率比较流行的评价方法主要有随机前沿分析法（SFA）和数据包络分析法（DEA）。为了更好地将水资源利用效率评价与经济发展结合起来，我们将环境因素——污水排放量考虑到水资源利用效率的评价中，借助于更具灵活性的基于参数估计的双曲线距离函数方法，将总用水量、劳动力和资本作为投入，将 GDP 作为期望产出和污水排放量作为非期望产出，测度水资源利用技术效率。这种方法与目前流行的方法相比，在于可以灵活地将各个投入和产出纳入函数中，得到更为可靠的结论。

我们对 Zhang 和 Ye（2015）的研究进行拓展，采用距离函数为基础测度江西省各地级市绿色水资源利用效率，双曲线距离函数可以采用可加的二次灵活函数的形式来表示：

$$\ln D_{it} = a_0 + \sum_{n=1}^{3} a_n x_{nit} + \beta_y y_{it} + \beta_b b_{it} + \gamma_1 t + 0.5\sum_{n=1}^{3}\sum_{n'=1}^{3} a_{nn} x_{nit} x_{n'it} + \sum_{n=1}^{3}\delta_{ny} x_{nit} y_{it} + \sum_{n=1}^{3}\delta_{nm} x_{nit} b_{it} + \sum_{n=1}^{3}\eta_{n1} x_{nit} t + \beta_{yb} y_{it} b_{it} + \beta_{yt} y_{it} t + 0.5\beta_{yy} y_{it}^2 + 0.5\beta_{bb} b_{it}^2 + \mu_{b1} b_{it} t + 0.5\gamma_{11} t^2 + \varepsilon^{kt} \quad (11-1)$$

其中，i 为各地级市；D 为距离函数；y 为期望产出，用各地级市 GDP 测度；x 为投入，本章使用三种投入，资本投入（K）、劳动力投入（L）和总用水量（W）；资本投入使用各地区固定资产余值衡量；劳动力投入用年末三次产业社会就业人员数测度。非期望产出表示为 b，用污水排放量（PW）衡量。以 GDP 为标准变量，则有：

$$D_{it}(K_{it}, L_{it}, W_{it}, t, GDP_{it}/GDP_{it}, PW_{it} \times GDP_{it}) = D_{it}/GDP_{it} \quad (11-2)$$

对式（11－2）左右两边均取对数，并设定 $-\ln D_{it} = u_{it}$ 作为随机前沿估计的无效率项，于是根据模型（11－1）将其转变成随机前沿形式：

$$D_{it}(K_{it},\ L_{it},\ W_{it},\ t,\ GDP_{it}/GDP_{it},\ PW_{it}\times GDP_{it})=D_{it}/GDP_{it} \tag{11-3}$$

$$-\ln GDP_{it}=TL[K_{it},\ L_{it},\ W_{it},\ t,\ PW_{it}\times GDP_{it}]+\varepsilon_{it}+u_{it} \tag{11-4}$$

式（11－4）中 TL 是双曲线距离函数式（11－1），$u_i \sim N^+(0,\ \sigma_u^2)$

利用增量关系式，则地区绿色水资源利用效率有：

$$WETE=0.5\left[\frac{\partial \ln D_t}{\partial \ln GDP_t}+\frac{\partial \ln D_{t-1}}{\partial \ln GDP_{t-1}}\right]\left(\ln\frac{GDP_t}{GDP_{t-1}}\right)+0.5\left[\frac{\partial \ln D_t}{\partial \ln PW_t}+\frac{\partial \ln D_{t-1}}{\partial \ln PW_{t-1}}\right]\times \left(\ln\frac{PW_t}{PW_{t-1}}\right)+0.5\sum_{n=1}^{3}\left[\frac{\partial \ln D_t}{\partial \ln x_t}+\frac{\partial \ln D_{t-1}}{\partial \ln x_{t-1}}\right]\left(\ln\frac{x_t}{x_{t-1}}\right) \tag{11-5}$$

11.3 实证模型、变量与数据

11.3.1 模型设定

本部分使用由 Kremer 等（2013）在 Hansen 的一般门限回归模型的基础上发展出来动态门限回归，分析地区经济发展对江西省绿色水资源利用效率可能存在的非线性影响效应；与一般的门限回归相比，该方法能够更好地克服自变量与因变量之间的内生性，从而使非线性估计结果更具稳健性。根据已有文献，我们选取地区经济发展、城镇化水平为门限变量，构建动态门限面板模型。

$$WETE_{it}=\mu_i+\alpha WETE_{it-1}+\beta_1 ED_{it}\times I(ED_{it}\leqslant\gamma)+\delta I(ED_{it}\leqslant\gamma)+\beta_2 ED_{it}\times (ED_{it}>\gamma)+\varphi X_{it}+\varepsilon_{it} \tag{11-6}$$

$$WETE_{it}=\mu_i+\alpha WETE_{it-1}+\beta_1 ED_{it}\times I(UC_{it}\leqslant\gamma)+\delta I(UC_{it}\leqslant\gamma)+\beta_2 ED_{it}\times (UC_{it}>\gamma)+\varphi X_{it}+\varepsilon_{it} \tag{11-7}$$

其中，I（＊）为示性函数，γ 为门限值，ED 为地区经济发展，UC 为城镇化水平，δ 为截距门限效应。动态门限面板模型与一般门限面板模型相比，其引入了因变量的滞后一期项，同时考虑了截距门限效应以克服无截距门限

效应带来的有偏性。为消除个体固定效应，根据 Arellano 和 Bover（1998）的建议，我们对以上两式进行前向正交离差变换，误差项满足如下变换式：

$$\varepsilon_{it}^{*}=\sqrt{\frac{T-t}{T-t+1}}\left[\varepsilon_{it}-\frac{1}{T-t}(\varepsilon_{it+1}+\cdots+\varepsilon_{iT})\right] \tag{11-8}$$

误差项 ε 和 ε^{*} 不存在序列相关，方差计算遵循如下公式：

$$Var(\varepsilon_{it})=\sigma^{2}I_{T},\ Var(\varepsilon_{it}^{*})=\sigma^{2}I_{T-1} \tag{11-9}$$

原门限面板模型的其他变量经变换后的形式和误差项一致。在动态门限面板模型的估计中，Kremer 等（2013）认为，工具变量过多可能导致参数估计结果产生有偏性，而且对于样本量有限的回归模型，参数估计的无偏性与有效性还会存在取舍的问题。参照 Arellano 和 Bover（1998）、Kremer 等（2013）的方法，我们使用"解释变量—地区经济发展"的滞后一期项作为工具变量。

11.3.2 门限变量设定

借鉴已有文献，我们认为在不同的经济发展阶段，不同城镇化水平下，地区经济发展对水资源利用技术效率会产生不同的影响。因此，我们考虑经济发展水平和城镇化水平的门限作用。经济发展水平（ED），该门限变量用人均 GDP 衡量取对数。城镇化水平（UC），用城镇人口占各市总人口的比重衡量。

11.3.3 控制变量

根据已有文献，我们考虑两个变量为控制变量：产业结构（INS）用第二产业产值与该年该地区国民生产总值的比例衡量。地区外商直接投资（FDI）采用地区该年 FDI 总值与 GDP 的比值衡量。本部分数据来源于 2003～2018 年的《江西省统计年鉴》《中国城市统计年鉴》及各地级市统计年鉴。

11.4 实证结果

11.4.1 江西各地区绿色水资源利用效率的计算结果

我们利用 ML（最大似然）法估计随机前沿模型（11－4），本部分使用的软件为 NLOGIT 4.0，并且使用的模型形式为伽马模型，这种模型比半正态或指数模型更具灵活性，估计结果如表 11－1 所示。

表 11－1 随机前沿的双曲线距离函数估计结果

变量	系数	t 值	变量	系数	t 值
常数项	－1.774***	－8.290	lnL×lnPW	－1.237***	－3.674
lnK	0.698	1.419	lnE×lnPW	－0.185	－0.390
lnL	0.771**	2.037	lnPW×lnPW	0.206	1.244
lnW	－0.189***	－4.129	t×lnK	0.029*	1.937
lnPW	－0.122	－0.435	t×lnL	0.758***	4.289
t	－0.372***	－6.007	t×lnW	0.025	0.844
lnK×lnL	－0.128***	－4.783	t×lnPW	0.072*	1.963
lnK×lnW	0.045	1.099	t×t	－0.246**	－2.028
lnL×lnW	0.926***	－3.175	θ	3.237***	4.619
lnK×lnK	0.388***	2.729	P	0.487***	5.053
lnL×lnL	－0.529***	－3.082	σ_v	－0.385***	－5.625
lnW×lnW	－1.641*	－1.927	LR	229.245	—
lnK×lnPW	0.960***	4.621			

注：*、**和***分别表示在10%、5%和1%水平上显著。

估计结果中，θ，P 均在统计上呈显著性，这表明技术无效率服从 P＝0.487，θ＝3.237 的伽马分布；另外，其他技术无效率的统计指标也是显著的。

从表 11－2 可以看到，南昌市的绿色水资源利用效率最高，这可能得益于其相对较强的创新能力和较严厉的环境规制及其较突出的服务业占比。景德镇的绿色水资源利用效率排第二，上饶市排第三。而绿色水资源利用效率最低的是萍乡市，这可能是由于萍乡市在工业生产中受到较严重的水污染，支柱产业中对水资源的大量低效使用所致。

表 11－2　2003～2018 年地区绿色水资源利用效率的平均值

地区	绿色水资源利用效率	地区	绿色水资源利用效率
南昌	0.872	抚州	0.704
赣州	0.640	宜春	0.680
九江	0.695	萍乡	0.605
新余	0.729	鹰潭	0.645
上饶	0.771	景德镇	0.792
吉安	0.685		

11.4.2　地区经济发展对江西省绿色水资源利用效率的动态门限效应：以经济发展水平为门限

以绿色水资源利用效率为因变量，以江西地区经济发展水平为自变量，经济发展水平自身为门限变量，考察地区经济发展水平在不同的经济发展水平下对绿色水资源利用效率的影响，检验结果如表 11－3 所示。

表 11－3　动态面板门限模型回归估计结果：以经济发展水平为门限

门限变量为经济发展水平	(1)
第一部分：门限值估计	
γ 置信区间	10.142 [9.669，10.785]
第二部分：地区经济发展对绿色水资源利用效率的影响效应估计	
β_1	-0.084^{***} (－7.835)

续表

门限变量为经济发展水平	(1)
β_2	0.473*** (6.330)
δ	1.664*** (4.927)
$WETE_{it-1}$	0.261*** (5.004)
INS	-0.925*** (-6.629)
FDI	-0.552 (-1.047)
Fin≤γ 样本数	131
Fin>γ 样本数	45

注：置信区间为95%的置信度，括号内为t值，*、**和***分别表示在10%、5%和1%水平上显著。

从表11-3的结果可以看到，地区经济发展对绿色水资源利用效率存在非线性的动态经济发展水平的门限效应。以门限值为准，江西省11个地级市划为低经济发展水平区制和高经济发展水平区制。对于绿色水资源利用效率，经济发展水平对数的门限值为10.142。

观察报告中的斜率门限效应和截距门限效应系数，β_1、β_2、δ 均显著。对于绿色水资源利用效率，$\beta_1=-0.084$、$\beta_2=0.473$、$\delta=1.664$，表明在经济发展的低水平区制，地区经济发展对江西各市的绿色水资源利用效率产生了负向作用，影响系数为-0.084；当经济发展水平的对数跨过门限值10.142到达高区制后，地区经济发展对绿色水资源利用效率的影响效应变为积极的促进作用，系数为0.473。低水平区制的地级市样本数为131个，高水平区制样本数为45个。

实证结果表明，当经济发展水平较低时，地区经济发展对绿色水资源利用效率影响作用为负。这主要是因为，在经济发展水平较低时，江西各市政

府在GDP考核的压力下，必然以经济增长为主要目标，环境规制强度较弱，政府和企业的环保治理投入水平较低。工业生产主要以粗放式的高能耗、高投入的生产方式为主，耗费大量水资源，并且带来较严重的水污染。服务业比重较低，农业也主要以高耗水农业为主。同时，由于收入水平较低，造成了人们对于环境污染的容忍度较高，人们的节水、保护水资源的意识较为薄弱，从而导致经济发展对绿色水资源利用效率影响为负。当经济发展水平越过门限值后，政府及民众对于环境污染的容忍度都降低了，政府的环境规制强度得到了加强，且环保投入增加，人们绿色消费的比重日益上升，产业结构中服务业的比重较高，高质量发展得到更显著的重视，从而表现出经济越发展，绿色水资源利用效率越高。

对于控制变量，用第二产业产值与该地区国民生产总值的比例衡量的产业结构（INS）系数显著为负，这表明以工业为主的产业结构对江西省各地级市绿色水资源利用效率产生了显著的负向影响。我们认为可能的原因是，在目前的江西省工业发展以中低端工业为主，制造业服务化水平较低，工业生产依赖于水资源大量投入，同时产生较严重水污染。外商直接投资（FDI）的系数不显著，虽然FDI可以通过示范效应、竞争效应、“干中学”效应等机制对国内企业产生技术溢出，促进国内企业技术效率的提升，然而，作为欠发达地区的江西省，由于对资金相当渴望，因此引进的FDI较多为一些资源依赖型、高污染型的企业，正负相互抵消，从而导致FDI对绿色水资源利用效率的作用不显著。

11.4.3　地区经济发展对江西省绿色水资源利用效率的动态门限效应：以城镇化水平为门限

以绿色水资源利用效率为因变量，以江西地区经济发展水平为自变量，城镇化水平为门限变量，考察地区经济发展水平在不同的城镇化水平下对绿色水资源利用效率的影响，检验结果如表11－4所示。

从表11－4的结果可以看到，地区经济发展对绿色水资源利用效率存在非线性的动态城镇化水平的门限效应。以门限值为准将样本划为低城镇化水平区制和高城镇化水平区制。对于绿色水资源利用效率，城镇化水平的门限值为0.542。

表11－4　动态面板门限模型回归估计结果：以城镇化水平为门限

门限变量为城镇化水平	(1)
第一部分：门限值估计	
γ 置信区间	0.542 [0.530，0.568]
第二部分：地区经济发展对绿色水资源利用效率影响效应估计	
β_1	－0.066*** (－5.083)
β_2	0.396*** (3.472)
δ	1.895*** (4.263)
$WETE_{it-1}$	0.307*** (4.885)
INS	－0.873*** (－6.011)
FDI	－0.389 (－1.265)
Fin≤γ样本数	102
Fin＞γ样本数	74

注：置信区间为95%的置信度，括号内为t值，*、**和***分别表示在10%、5%和1%水平上显著。

观察报告中的斜率门限效应和截距门限效应系数，β_1、β_2、δ均显著。对于绿色水资源利用效率，$\beta_1=-0.066$、$\beta_2=0.396$、$\delta=1.895$，表明在城镇化的低水平区制，地区经济发展对江西各市的绿色水资源利用效率产生了负向作用，影响系数为－0.066；当城镇化水平跨过门限值0.542到达高区制后，地区经济发展对绿色水资源利用效率的影响效应变为积极的促进作用，

系数为0.396。低水平区制的地级市样本数为102个，高水平区制样本数为74个。

实证结果表明，当城镇化水平较低时，地区经济发展阻碍了绿色水资源利用效率的提高。这主要是因为城镇化水平在一定程度上反映了资本、劳动力和其他要素、资源的密集化程度；城镇化水平较低时，资源的利用效率必然也较低。服务业的发展是与城镇化水平相关的，服务业需要有充足的集聚人口作为支撑，城镇化水平较低时，服务业的发展受到了严重的限制。因此，在城镇化水平较低时，地方经济的发展是以发展高能耗、高资源投入的工业为主；同时，水资源的利用效率较低。这时，地区经济越发展，水污染越严重，水资源的浪费越突出，因此江西省地区经济发展对绿色水资源的利用效率产生了负面作用。当城镇化水平突破拐点后，资源的密集度较高，导致水资源的利用效率提高，环保设施等公共基础设施可以得到较好的推广和利用，服务业的水平也随之提高。从而表现出经济越发展，绿色水资源利用效率越高。可以发现，我们的研究结论在一定程度上与环境Kuznets曲线相吻合。

11.5　研究结论与政策建议

当前，经济的高质量发展成为时代的主题，高质量发展需要对资源更高效的利用，水资源作为限制经济发展的重要资源，研究其与地区经济发展之间的关系有重要意义。在使用基于参数估计的双曲线距离函数方法测度江西省各地级市绿色水资源利用效率的基础上，以经济发展水平和城镇化水平为门限变量，利用动态门限回归模型考察了地区经济发展对江西绿色水资源利用效率异质性的动态影响效应。研究发现，地区经济发展对江西绿色水资源利用效率存在非线性的影响，在低经济发展和城镇化水平下，地区经济发展绿色水资源利用效率产生了负向作用，但突破门限值后则均表现出对绿色水资源利用效率显著的正向作用。我们的研究在一定程度上支持了环境Kuznets曲线的存在性，但是我们的研究表明，除了地区经济发展自身外，城镇化水平也是江西省地区经济发展的绿色水资源利用效率影响效应的门限因素。

本部分的政策建议在于：第一，政府要重视水资源的高效利用，提升环境规制的强度，并且加大对环境保护的资金投入，加快环境保护相关立法的步伐，营造节约、绿色、环保的社会氛围；推进节水技术的创新和推广。企业也要积极地开展清洁生产，从社会责任的角度树立环境保护意识。尤其是对于绿色水资源利用效率较低的萍乡、赣州、鹰潭等市，加强节水、护水技术的推广尤为重要。第二，在促进绿色水资源利用效率提升的过程中，要结合地方的实际情况，尤其是在萍乡市、赣州市等经济发展、城镇化水平均较低的低区制地区，必须积极推进经济发展，同时进一步促进城镇化水平的提升，使低区制地区能够向高区制转变，以及时更好地发挥经济发展对绿色水资源利用效率提升的积极作用。

第12章　消费结构升级与地区绿色创新效率的空间交互溢出效应

——基于空间联立方程及动态门限面板模型的实证检验

12.1　引言

进入21世纪以来，中国居民收入增长迈上了新台阶，消费规模快速扩张的同时，居民的消费结构升级步伐不断加快；消费结构升级对技术创新提出了更高的要求。

针对当前制约消费扩大和升级的障碍仍然突出的现实，《中共中央 国务院关于完善促进消费体制机制进一步激发居民消费潜力的若干意见》（以下简称《意见》）提出，引导企业以市场需求为导向，推动技术创新、产品创新、模式创新，培育更加成熟的消费细分市场。这一指导思想主要目的在于，希望企业基于消费需求推动创新，并利用创新进一步促进消费升级。这一论断蕴含着消费结构升级促进技术创新，技术创新进一步推动消费结构升级的循环累积的逻辑思路。那么消费结构升级与技术创新之间是否真的存在完全的互促作用关系，而且这种循环累积的互动关系是否存在空间异质性？这些问题的回答对于指导改革，助推经济和谐发展，提升经济发展质量具有重要的意义。并且已有国内研究消费结构升级与技术创新关系的文献均未考虑环境因素的影响，《意见》同时指出，坚持绿色发展原则，大力推广绿色消费产品，推动实现绿色低碳循环发展，营造绿色消费良好社会氛围。因此，有必要将环境因素纳入分析中，使其具有更强的现实意义和政策意义。

12.2 文献与理论

邓线平（2006）提出，消费需求的变动激发了生产者改良技术、提高技术效率的主观能动性，保证了技术实物效果、审美效果及伦理效果的顺利实现。消费需求扩张激发了企业的创新动力，降低了企业的市场风险，并增加了企业的利润。谢小平（2018）发现，消费结构升级可促进科技成果转化，在生产前沿不变的条件下提高技术效率。另外，消费结构升级还能推动企业突破现有的生产前沿，实现技术创新。

反过来，创新不仅有利于促进经济持续发展，扩大消费需求，而且创新提供的新产品，尤其是工业和服务业的创新产品有利于引导消费者的消费高端化，进而促进消费结构升级。蔡强和田丽娜（2017）认为技术创新将带动地区消费需求的扩大与升级，技术创新带来的新产品有利于刺激消费者的购买，促进消费棘轮效应的发挥，由此消费者的购买欲望与消费层次得到提升。

但是，现有研究成果主要是考虑消费结构升级与创新的单向因果关系，并未考虑消费结构升级与创新之间可能存在的交互影响作用；并且尚未注意地区消费结构升级与创新之间可能存在的空间溢出性。另外，随着环境问题的日益严峻，绿色消费、绿色创新日益深入人心；企业的绿色创新产品得到消费者更多的支持。绿色创新与传统创新不同之处在于，绿色创新强调与环境的和谐发展，依托科技达到节能环保的目的，并且能获得相应经济收益的经济活动。因此，在分析中使用绿色创新代替传统创新，具有突出的现实意义。基于此，我们着眼于绿色创新效率，并根据创新的两阶段性，利用两阶段共享投入 DEA 将地区绿色创新效率分成绿色技术开发效率和绿色技术转化效率；使用空间联立方程模型，考察了消费结构升级与地区绿

色创新效率的空间交互关系。进一步地，我们运用动态门限面板模型分析了消费结构升级对地区绿色创新效率提升存在着的金融发展和知识产权保护的动态门限效应。

12.3　实证模型、变量与数据

12.3.1　模型构建

我们构建消费结构升级与地区绿色创新效率的联立方程模型，以解决它们之间的内生性问题，同时考虑到消费结构升级和地区绿色创新绩效的空间溢出，因此，将两者的空间滞后项纳入模型，从而得到空间联立方程以分析两者之间的交互影响机制：

$$GR_{it} = \alpha_0 + \alpha_1 \omega_{ij} GR_{it} + \alpha_2 Cmup_{it} + \alpha_3 \omega_{ij} Cmup_{it} + \alpha \sum X_{it} + \mu_i + \varepsilon_{it} \tag{12-1}$$

$$Cmup_{it} = \beta_0 + \beta_1 \omega_{ij} Cmup_{it} + \beta_2 GR_{it} + \beta_3 \omega_{ij} GR_{it} + \beta \sum Y_{it} + \eta_i + v_{it} \tag{12-2}$$

其中，i 为省份；t 为年份；GR 为地区绿色创新效率；Cmup 为消费结构；ω_{ij}为反映不同地区之间空间相互关系的空间权重矩阵；X、Y 为控制变量，参照已有文献，X 包括地区贸易开放（Trade）、地区产业结构（Industy）、经济发展水平（lnGDP）、人力资本水平（HC），Y 为城镇化率（Urb）、人力资本水平（HC）、居民可支配收入（lnincom）、政府教育及医疗支出（lnExp）。μ 和 η 为地区固定效应，ε 和 ν 为随机扰动项。空间权重矩阵使用二元相邻矩阵，即省份之间相邻则为 1，否则为 0。空间联立方程中，α_1 为相邻省份间绿色创新效率的空间溢出系数，如果 $\alpha_1 > 0$，则意味着邻近省份的绿色创新效率空间溢出有利于促进本地区的绿色创新效率提升。β_1 为相邻地区间消费结构空间溢出的系数。α_2 和 β_2 用以抓住消费结构和地区绿色创新效率间的内生关系，假如 $\alpha_2>0$，说明消费结构升级促进了本地的绿色创新效率提升。α_3 和 β_3 用以考察两个变量之间的空间交互影响。

12.3.2 变量

12.3.2.1 消费结构（Cmup）

文献中常用消费中的八大分类占总消费的比重变化来衡量消费结构，这八大类包括食品烟酒、衣着、居住、生活用品和服务、交通通信、教育文化娱乐、医疗保健、其他用品及服务。我们参照孙皓和胡鞍钢（2013）、谢小平（2018）的思路，用除食品外的消费支出占比衡量消费结构，该指标优势在于不易受物价变化干扰，该指标为正指标，值越大，消费结构越高。

12.3.2.2 地区两阶段绿色创新效率（GR）

创新研究的开创者熊彼特认为，创新是一个经济的整体概念，创新的目的是为了增加企业的盈利，增强竞争力，因此，需要实现由创新成果到经济产出的转化；故而创新应该存在研发和商业化两个阶段。已有文献较多但仅考虑绿色创新的第一阶段，即研发阶段，但忽视了绿色创新的第二阶段。我们根据价值链原理，认为绿色创新绩效应该包含过程与结果两个阶段，从而将地区绿色创新绩效分成绿色技术开发效率和技术转化效率，利用两阶段共享投入 DEA 计算地区绿色创新的技术开发效率和技术转化效率，这种方法下，绿色投入在绿色创新的两阶段实现共享。

首先，假设存在 n 个决策单元（DMU_j，$j=1$，…，n），共享的 m 种绿色投入满足 $X_j=(x_{1j},\cdots,x_{mj})$，第一阶段（绿色技术开发）的产出为 $I_j=(I_{1j},\cdots,I_{gj})$，这也是第二阶段（绿色技术转化）的投入组成部分。第二阶段的产出包括 s 种期望产出 $D_j=(d_{1j},\cdots,d_{sj})$ 和 f 种非期望产出 $U_j=(u_{1j},\cdots,u_{fj})$。

决策单元在第一阶段的绿色投入 X 并未完全耗费，有部分投入进入第二阶段；假设绿色研发和商业化阶段使用的绿色投入各自为 $\alpha_i X_{ij}$ 和 $(1-\alpha_i)X_{ij}$。用 v_i^1、v_i^2（$i=1,2,\cdots,m$）分别表示两个阶段绿色创新投入的权重。用 h_r（$r=1,2,\cdots,s$）表示第二阶段正产出的权重，用 g_k（$k=1,2,\cdots,$

f）表示第二阶段负产出权重。而且，第一阶段的产出既是绿色技术开发的产出，又是第二阶段技术转化的投入组成部分，用 ω_p^1、ω_p^2（p = 1，2，…，q）分别表示第一阶段产出在两个阶段各自的权重。于是，决策单元在第一阶段的投入和产出可以分别表示为：

$$\sum_{i=1}^{m} v_i^1 \alpha_i X_{ij}, \sum_{p=1}^{q} w_p^1 I_{pj} \tag{12-3}$$

在第二阶段技术转化的投入和产出可以分别表示为：

$$\sum_{i=1}^{m} v_i^2 (1 - \alpha_i) X_{ij} + \sum_{p=1}^{q} w_p^2 I_{pj}, \sum_{r=1}^{s} H_r D_{rj} - \sum_{k=1}^{f} G_k U_{kj} \tag{12-4}$$

假设规模报酬可变，则第 z 个决策单元的绿色技术开发效率满足：

$$GR_z^1 = (\max \sum_{p=1}^{q} w_p^1 I_{pz} - \mu_1) / \sum_{i=1}^{m} v_i^1 \alpha_i X_{iz} \tag{12-5}$$

假设 $e = 1/\sum_{i=1}^{m} v_{i=1}^1 \alpha_i X_{iz}$，使用 Charnes - Cooper 变换，将式（12 - 5）转换成线性模型，于是第 z 个决策单元的绿色技术开发效率可以表示为如下线性规划问题的最优值：

$$GR_z^1 = \max \sum_{p=1}^{q} W_p^1 I_{pk} - \mu_A$$

$$\text{s.t.}\begin{cases} \sum_{i=1}^{m} \pi_i^1 X_{ik} = 1 \\ \sum_{i=1}^{m} \pi_i^1 X_{ij} - (\sum_{p=1}^{q} W_p^1 I_{pi} - \mu_A) \geq 0, j = 1,2,\cdots,n \\ \sum_{i=1}^{m} V_i^2 X_{ij} - \sum_{i=1}^{m} \pi_i^2 X_{ij} + \sum_{p=1}^{q} W_p^2 I_{pi} - \\ (\sum_{r=1}^{s} H_r D_{rj} - \sum_{k=1}^{f} G_k U_{kj} - \mu_B) \geq 0, j = 1,2,\cdots,n \\ V_i^2 \geq \pi_i^2 \geq \varepsilon; H_r、G_k、\pi_i^1、W_p^1、W_p^2 \geq \varepsilon, j = 1,2,\cdots,m \end{cases} \tag{12-6}$$

式中，满足 $V_i^1\alpha_i = \pi_i^1$，$V_i^2\alpha_i = \pi_i^2$，$V_i^1 = ev_i^1$，$V_i^2 = ev_i^2$，$W_p^1 = ew_p^1$，$W_p^2 = ew_p^2$，$H_r = eh_r$，$G_k = eg_k$，$\mu_A = e\mu_1$，$\mu_B = e\mu_2$。

其次，绿色技术转化效率可以表示为如下线性规划问题的最优值：

$$GR_z^2 = \max\sum_{r=1}^{s} H_r D_{rj} - \sum_{k=1}^{f} G_k U_{kj} - \mu_B$$

$$\text{s.t.}\begin{cases}\sum_{i=1}^{m} V_i^2 X_{ij} - \sum_{i=1}^{m} \pi_i^2 X_{ij} + \sum_{p=1}^{q} W_p^2 I_{pi} = 1 \\ \sum_{i=1}^{m} \pi_i^1 X_{ij} - (\sum_{p=1}^{q} W_p^1 I_{pi} - \mu_A) \geqslant 0, j = 1,2,\cdots,n \\ \sum_{i=1}^{m} V_i^2 X_{ij} - \sum_{i=1}^{m} \pi_i^2 X_{ij} + \sum_{p=1}^{q} W_p^2 I_{pi} - \\ (\sum_{r=1}^{s} H_r D_{rj} - \sum_{k=1}^{f} G_k U_{kj} - \mu_B) \geqslant 0, j = 1,2,\cdots,n \\ V_i^2 \geqslant \pi_i^2 \geqslant \varepsilon; H_r、G_k、\pi_i^1、W_p^1、W_p^2 \geqslant \varepsilon, j = 1,2,\cdots,m \end{cases} \tag{12-7}$$

投入变量采用创新投入和能源投入。①创新投入，包括人力和资金投入两部分。创新人力投入，采用各地区研究与试验发展人员全时当量代理。创新资金投入，应用研究与试验发展经费内部支出代理。②能源投入，使用各地区年度工业能源消费总量测度。

第一阶段（绿色技术开发）产出使用地区专利授权量衡量。第二阶段（绿色技术转化）产出包括期望产出和非期望产出。期望产出使用各地区新产品销售收入和工业增加值代理；非期望产出为负产出，主要是指环境污染排放，一般包括固体废弃物、废水和废气排放。由于不同种类的废弃物对环境的负面影响不一，同时由于 SO_2 作为主要的环境管制物，统计相对完善，因此，我们采用各地区工业排放的 SO_2 量代理非期望产出。

12.3.2.3 控制变量

地区贸易开放（lnTrade）用地区进出口总值与 GDP 的比值衡量，取对数；地区产业结构（Industy）采用第二产业增加值与 GDP 比值代理。经济发展水平（lnGDP）用各地区 GDP 总量衡量并取对数。人力资本水平（lnHC）用各地大专以上人口比重衡量；城镇化率（Urb）用地区城镇常住人口占该地区常住总人口比重测度。居民可支配收入（lnincom）用城镇居民人均可支配收入和农村居民人均可支配收入的加权平均值衡量并取对数。政府教育及医疗支出（lnExp）使用每年地区政府的教育支出与医疗支出之和跟政府财政

总支出比重衡量并取对数。

12.3.2.4 数据来源

本部分研究的空间单位为除西藏外的30个省级单位，数据来源于1998～2017年的《中国统计年鉴》《中国科技统计年鉴》《中国环境统计年鉴》《中国能源统计年鉴》及各省统计年鉴。

12.4 实证检验结果

12.4.1 地区绿色创新绩效的计算结果

根据两阶段共享投入DEA的计算结果，地区绿色创新绩效的平均值如表12－1所示。从全国范围来看，北京、上海、江苏、浙江、广东等省份的绿色技术开发效率均值最高；绿色技术转化效率名列前五位大致也是这些省份。分区域来看，东部省份绿色创新效率最高，中部省份次之，西部省份最低。对于大多数省份而言，绿色技术转化效率要低于绿色技术开发效率，这说明在我国大多数地区在促进研发成果转化为产品方面能力一般，在绿色技术转化阶段协调经济效益和环境、生态代价的能力方面还有待提高，还存在大量制约研发成果转化为现实生产力的影响因素。

表12－1 地区绿色技术开发效率和技术转化效率的平均值

省份	绿色技术开发效率	绿色技术转化效率	省份	绿色技术开发效率	绿色技术转化效率
北京	0.988	0.896	河南	0.799	0.471
天津	0.829	0.638	湖北	0.822	0.504
河北	0.821	0.571	湖南	0.705	0.584
山西	0.697	0.482	广东	0.915	0.807
内蒙古	0.744	0.530	广西	0.711	0.468

续表

省份	绿色技术开发效率	绿色技术转化效率	省份	绿色技术开发效率	绿色技术转化效率
辽宁	0.872	0.709	海南	0.783	0.532
吉林	0.799	0.615	重庆	0.774	0.564
黑龙江	0.858	0.639	四川	0.735	0.613
上海	0.983	0.911	贵州	0.582	0.434
江苏	0.943	0.804	云南	0.695	0.482
浙江	0.927	0.810	陕西	0.633	0.401
安徽	0.740	0.622	甘肃	0.506	0.394
福建	0.825	0.769	青海	0.4920	0.322
江西	0.796	0.639	宁夏	0.488	0.309
山东	0.893	0.714	新疆	0.590	0.365

12.4.2 空间相关性的检验

在运用空间联立方程对消费结构与地区绿色创新效率的空间交互性进行考察之前，我们使用全局 Moran'I 指数进行空间相关性分析，公式为：

$$I=\frac{\sum_{i=1}^{n}\sum_{j=1}^{n}\omega_{ij}(x_i-\bar{x})(x_j-\bar{x})}{S^2\sum_{i=1}^{n}\sum_{j=1}^{n}\omega_{ij}} \tag{12-8}$$

运用全局 Moran'I 指数对消费结构与地区绿色技术开发效率、绿色技术转化效率的空间相关性检验，结果表明 Moran'I 值均不等于零，也就是说，空间相关性存在，因此在考察消费结构与地区绿色创新效率的交互关系中，考虑空间溢出性是非常必要的。

12.4.3 消费结构升级与地区绿色创新绩效的空间交互关系检验

我们使用广义空间三阶段最小二乘法（GS3SLS）对空间联立方程

组（12－1）、方程组（12－2）进行检验，这种方法的突出特点在于其在考虑内生变量的潜在空间相关性的同时，还兼顾了各方程随机扰动项间的相关性，从而使估计结果更为可靠。变量多重共线性的检验工具——方差膨胀因子 VIF 检验值均在 5 以下，说明解释变量间不存在严重的多重共线性问题。

12.4.3.1　地区绿色技术开发效率方程估计结果

从表 12－2 中第（1）列报告的结果可以看到，消费结构（Cmup）系数显著为正，说明消费结构升级有利于本地的绿色技术开发效率提升。随着消费者的低端消费支出比重的下降或高端消费支出比重的上升，为了满足消费者更高层次的需求，提升企业的市场竞争力，获得更高的利润，本地企业或者研究机构可能加大绿色创新的研发投资，投入更多的研发人员当量，并加强研发管理，提高研发资源的配置效率，从而提升绿色技术开发效率。

表 12－2　消费结构升级与地区绿色创新效率的空间交互关系（GS3SLS 估计）

变量	消费结构升级与地区绿色技术开发效率空间交互关系		消费结构升级与地区绿色技术转化效率空间交互关系	
	GR1 (1)	Cump (2)	GR2 (3)	Cump (4)
常数	−2.265*** (−4.290)	1.603*** (3.884)	−0.804 (−1.283)	−1.244*** (−3.689)
$\omega_{ij} \times GR_{it}$	0.020*** (3.157)	0.004 (0.928)	0.023*** (2.839)	0.014*** (3.820)
$\omega_{ij} \times Cump_{it}$	0.008*** (2.943)	0.095*** (2.843)	0.012*** (3.267)	0.088*** (2.876)
GR_{it}	—	0.063 (1.125)	—	0.025*** (4.194)
$Cump_{it}$	0.204*** (5.962)	—	0.097*** (3.084)	—
Trade	0.221*** (5.339)	—	0.082*** (4.724)	—

续表

变量	消费结构升级与地区绿色技术开发效率空间交互关系		消费结构升级与地区绿色技术转化效率空间交互关系	
	GR1 (1)	Cump (2)	GR2 (3)	Cump (4)
Industy	0. 127 (0. 930)	—	0. 123 (0. 772)	—
lnGDP	0. 913 *** (3. 029)	—	0. 790 *** (2. 766)	—
lnHC	0. 295 *** (3. 455)	0. 427 (0. 589)	0. 203 *** (3. 189)	0. 244 (1. 132)
Urb	—	0. 056 *** (3. 428)	—	0. 044 *** (3. 850)
lnincom	—	0. 608 *** (5. 343)	—	0. 724 *** (4. 711)
lnExp	—	0. 097 *** (4. 278)	—	0. 055 *** (2. 943)
观测值	600	600	600	600
R^2	0. 447	0. 516	0. 489	0. 520

注：括号内为 t 值，*、** 和 *** 分别表示在 10%、5% 和 1% 水平上显著。

表 12－2 中第（1）列绿色技术开发效率的空间滞后项（ω×GR1）系数显著为正，说明绿色技术开发效率存在显著的空间溢出效应。相邻地区的绿色技术开发效率也会促使本地区绿色技术开发效率提升，绿色创新的传播、模仿学习及地区之间的合作与竞争都将导致绿色技术开发效率产生空间溢出。消费结构的空间滞后项（ω×Cmup）系数显著为正，这说明相邻地区的消费结构升级也有利于本地区的绿色技术开发效率提升，由于相邻地区之间经济往来较多，为了满足邻近地区更多高层次消费，本地政府或者企业不得不提升绿色技术开发效率以在竞争中获得更强的优势。

12. 4. 3. 2　地区绿色技术转化效率方程估计结果

从表 12－2 中第（3）列报告的结果可以看到，消费结构（Cmup）系数

也显著为正，说明消费结构升级也促进了本地绿色技术转化效率提升，消费结构升级推动了研究机构或企业将绿色创新思想商品化，转化为现实的新产品，从而促进了地区绿色技术转化效率提升。

比较第（1）列和第（3）列，可以看到消费结构（Cmup）对绿色技术转化效率的正向影响作用比对绿色技术转化效率更弱，主要原因在于，在目前的中国环境下，绿色创新的商业化影响因素众多，研发成果转化为现实产品还受到较多制约。消费结构的空间滞后项（ω×Cmup）系数也显著为正，表明消费结构升级也对本地区绿色技术转化效率存在显著的空间溢出效应。同样，第（3）列绿色技术转化效率的空间滞后项（ω×GR1）系数也均显著，且为正，说明绿色技术转化效率也存在显著的空间溢出效应。相邻地区的绿色技术转化效率也促使了本地区绿色技术转化效率提升。

12.4.3.3　消费结构方程估计结果

从表 12－2 中第（2）列、第（4）列报告的结果可以看到，地区绿色技术转化效率（GR1）系数为正，且在 1% 的统计水平上显著，即绿色技术转化效率提升显著促进了本地的消费结构升级。然而，虽然地区绿色技术开发效率（GR1）系数为正，但在统计上不显著，表明绿色技术开发效率提升并未促进本地的消费结构升级。我们认为可能的原因在于，在目前中国专利转化为新产品由于受到不完善的科技体制、不健全的科技市场和信贷市场支持力度不足等原因的影响，导致专利转化率较低。统计数据显示，2017 年中国专利申请量为 138.2 万件，同比增长 14.2%，但专利转化率不足两位数。高校尤其突出，根据教育部《2017 年高等学校科技统计资料汇编》的数据，全国各类高校全年专利授权数共 229458 项，合同形式转让数仅为 4803 件，高校科技专利转化率仅为 2.09%。很明显，在中国目前这种专利低转化率、低商业化的背景下，还未付诸实施转化为现实产品的专利自然无法推动总消费增长和消费结构改善，无法引领消费结构升级。

消费结构的空间滞后项（ω×Cmup）系数都为正，且都在 1% 的水平上显著，说明消费结构升级存在显著的空间溢出效应。即相邻地区的消费结构升级也促使了本地区消费结构升级，这主要是由于消费具有示范效应，相邻地区之间的经济接触和社会接触较为频繁，通过相互影响、相互作用而逐渐促使本地消费结构也产生升级。

比较来看，消费结构（Cmup）系数明显要大于绿色技术开发效率（GR1）和绿色技术转化效率（GR2）的系数，说明消费结构升级在交互作用中明显占优势。第（2）列、第（4）列绿色技术开发效率的空间滞后项（ω×GR1）系数不显著，意味着相邻地区的绿色技术开发效率提升对本地区的消费结构升级尚未发挥显著的溢出作用。但地区绿色技术转化效率的空间滞后项（ω×GR2）系数为正，且在1%水平上显著，表明邻近地区较高的绿色技术转化效率有利于本地的消费结构升级。

在控制变量中，贸易开放对绿色技术开发效率和绿色技术转化效率均产生了显著的正向作用，贸易开放带来的技术溢出效应、产品竞争效应和示范效应等有利于绿色创新的技术开发效率和技术转化效率提升。但产业结构对绿色技术开发效率和绿色技术转化效率均无显著的影响作用，我们认为原因在于，产业结构中工业比重的上升一方面刺激了地区增加创新投入，提升创新效率；另一方面工业比重的上升导致了地区负产出的增加，环境压力增大，正负相抵，导致产业结构对地区绿色创新两阶段的效率均不显著。经济发展水平显著地促进了绿色技术开发效率和绿色技术转化效率上升，较高经济发展水平的地区，政府有更强的财政实力用于支持绿色创新，民众的环保意识、创新意识更强，企业也有更强的绿色创新的动力，因此有利于绿色技术开发效率和绿色技术转化效率提升。人力资本对绿色技术开发效率和绿色技术转化效率也均产生了显著正向影响，地区人力资本为创新提供了基本的人力基础，高水平的人力资本有利于创新的研发及商品化。然而，地区人力资本对消费结构升级无显著的作用，说明中国的人力资本并未能促进消费结构升级。城镇化有利于消费结构升级，城镇化程度越高，居民对服务产品等更高层次的消费有更多的需求，从而提升了消费结构。居民可支配收入对消费结构升级有显著的促进作用，可支配收入的增加有利于消费者购买更多高层次的产品，推动消费结构高端化。政府教育及医疗支出也显著地促进了消费结构升级，政府的教育及医疗支出可以挤入消费者的高端消费，提升高端消费的比例。

12.4.4　分地区子样本的估计结果

表 12－3 报告了消费结构升级与地区绿色创新效率的空间交互关系。从东部地区、中西部地区子样本的检验结果可以看到，大部分变量系数的显著性及符号与全样本类似，这表明我们的空间联立方程模型具有较强的稳健性。

表 12－3　消费结构升级与地区绿色创新效率的空间交互关系（GS3SLS 估计）

变量	东部地区				中西部地区			
	绿色技术开发效率		绿色技术转化效率		绿色技术开发效率		绿色技术转化效率	
	GR	Cump	GR	Cump	GR	Cump	GR	Cump
常数	2.274*** (5.486)	-1.719 (-0.755)	-0.699*** (-4.741)	-1.580*** (-4.007)	3.572*** (3.634)	0.482 (0.975)	-1.169 (-1.325)	-2.709*** (-3.980)
$\omega_{ij}\times GR_{it}$	0.035*** (3.513)	0.003 (1.106)	0.032*** (4.069)	0.020*** (5.273)	0.015*** (3.427)	0.010 (0.875)	0.022*** (3.425)	0.016*** (3.829)
$\omega_{ij}\times Cump_{it}$	0.022*** (4.265)	0.139*** (2.876)	0.018*** (3.622)	0.109*** (2.972)	0.006 (1.122)	0.145*** (2.843)	0.017 (1.462)	0.079*** (3.856)
GR_{it}	—	0.077 (1.489)	—	0.029*** (4.635)	—	0.056 (1.072)	—	0.018*** (4.076)
$Cump_{it}$	0.377*** (6.483)	—	0.146*** (4.759)	—	0.089** (2.173)	—	0.043** (2.056)	—
控制变量	控制	控制	控制	控制	控制	控制	控制	控制
观测值	200	200	200	200	400	400	400	400
R^2	0.483	0.522	0.495	0.534	0.428	0.511	0.475	0.515

注：括号内为 t 值，*、** 和 *** 分别表示在 10%、5% 和 1% 水平上显著。

从结果中可以看到，在东部地区和中西部地区，消费结构系数（Cump）均显著为正，但是在东部地区，对于绿色技术开发效率和技术转化效率，消费结构升级系数大小及显著性均要比中西部地区强得多；表明在东部地区，消费结构升级对绿色创新效率的作用更突出。

在各地区的消费结构，其空间滞后项（ω×Cump）系数都为正，且都在 1% 的水平上显著，说明在三大地区，消费结构均存在显著的空间溢出效应。但是，对于绿色创新的技术开发效率和技术转化效率，消费结构的空间滞后项仅在东部地区显著为正，说明仅在东部地区，相邻地区的消费结构升级有利于本地区绿色技术开发效率和技术转化效率提升。同时，在各地区绿色技术转化效率对消费结构升级均有显著的正向影响，而绿色技术开发效率对消费结构在三大地区均不存在显著的影响作用。

12.5 消费结构升级对地区绿色创新效率影响的门限效应

前文的实证结果发现消费结构升级对绿色技术开发效率和技术转化效率的影响作用存在地区异质性，在东部地区这种正向作用最突出；而且仅在东部地区消费结构的空间溢出有利于本地区绿色技术开发效率和技术转化效率提升。故而检验消费结构升级对地区绿色创新效率的影响可能存在的门限效应就显得非常重要。为了探究这种地区异质性可能存在的原因，本章使用由 Kremer 等（2013）发展出来动态门限回归进行分析；与一般的门限回归相比，该方法能够更好地克服自变量与因变量之间的内生性，从而使非线性估计结果更具稳健性。根据已有文献，我们选取地区金融发展、知识产权保护水平为门限变量，构建动态门限面板模型。

$$GR_{it} = \mu_i + \alpha GR_{it-1} + \beta_1 Cmup_{it} I(FinD_{it} \leqslant \gamma) + \delta I(FinD_{it} \leqslant \gamma) + \beta_2 Cmup_{it} (FinD_{it} > \gamma) + \varphi X_{it} + \varepsilon_{it} \quad (12-9)$$

$$GR_{it} = \mu_i + \alpha GR_{it-1} + \beta_1 Cmup_{it} I(IPR_{it} \leqslant \lambda) + \delta I(IPR_{it} \leqslant \lambda) + \beta_2 Cmup_{it} (IPR_{it} > \lambda) + \varphi X_{it} + \varepsilon_{it} \quad (12-10)$$

式（12－9）和式（12－10）中，I（＊）表示性函数 FinD、IPR 分别为门限变量——地区金融发展、知识产权保护水平。动态门限面板式（12－9）和式（12－10）与一般门限面板模型相比，其引入了因变量的滞后一期项，同时考虑了截距门限效应以克服无截距门限效应带来的有偏性。式中，δ 为消费结构升级对地区绿色创新绩效的截距门限效应；为消除个体固定效应，根据 Arellano 和 Bover（2018）的建议，我们对式（12－9）和式（12－10）

进行前向正交离差变换，误差项满足如下变换式：

$$\varepsilon_{it}^{*}=\sqrt{\frac{T-t}{T-t+1}}\left[\varepsilon_{it}-\frac{1}{T-t}(\varepsilon_{it+1}+\cdots+\varepsilon_{iT})\right] \tag{12-11}$$

误差项 ε 和 ε^{*} 不存在序列相关，方差计算遵循如下公式：

$$Var(\varepsilon_{it})=\sigma^{2}I_{T};\ Var(\varepsilon_{it}^{*})=\sigma^{2}I_{T-1} \tag{12-12}$$

式（12－9）和式（12－10）的其他变量经变换后的形式和误差项一致。在动态门限面板模型的估计中，Kremer 等认为，工具变量过多可能导致参数估计结果产生有偏性，而且对于样本量有限的回归模型，参数估计的无偏性与有效性还会存在取舍的问题。参照 Arellano 和 Bover（1998）、Kremer 等（2013）的方法，我们使用解释变量——消费结构的滞后一期项作为工具变量。金融发展我们使用地区金融机构提供给私人部门贷款总额与 GDP 的比值度量。地区知识产权保护水平用地区专利侵权数与专利授权数的比率度量，有公式：

$$IRP=\frac{pac_{it}/papy_{t}}{\max\ (pac_{it}/papy_{t})} \tag{12-13}$$

其中，pac_{it}为省份 i 在 t 年的专利侵权案件数；$papy_{t}$ 为 t 年全国的专利授权数；max（pac_{it}/pap_{t}）为全国各省份专利侵权数与全国专利授权量比率的最大值。

从表 12－4 的动态面板门限模型回归估计结果第（1）列、第（2）列可以看出，消费结构升级对绿色技术开发效率和绿色技术转化效率均存在以地区金融发展为门限的非线性动态影响，以门限值为准将样本划为低金融发展水平区制和高金融发展水平区制。对于绿色技术开发效率，金融发展的门限值为 0.292，而对于绿色技术转化效率，金融发展的门限值为 0.577，这表明消费结构升级对绿色技术转化的影响作用比绿色技术开发有更高的金融发展门限。

观察表 12－4 中第（1）列、第（2）列中的斜率门限效应和截距门限效应系数，β_1、β_2、δ 均显著。对于绿色技术开发效率，$\beta_1=0.117$、$\beta_2=0.395$、$\delta=1.802$，表明地区在金融发展的低水平区制，消费结构升级对绿色技术开发效率的促进作用相对较小，影响系数为 0.117；当金融发展水平跨过门限值

0.577 到达高区制后，消费结构升级对绿色技术开发促进作用增大为 0.395。同样地，对于绿色技术转化效率，$\beta_1 = 0.079$、$\beta_2 = 0.146$、$\delta = 1.247$，这说明地区在金融发展的低水平区制，消费结构升级对绿色技术转化效率的促进作用要更小，影响系数为 0.079；当金融发展水平跨过门限值 0.292 到达高区制后，消费结构升级对绿色技术转化促进作用得到增强，斜率为 0.146。

表 12-4 动态面板门限模型回归估计结果

门限变量为金融发展	绿色技术开发效率 (1)	绿色技术转化效率 (2)	门限变量为知识保护水平	绿色技术开发效率 (3)	绿色技术转化效率 (4)
第一部分：门限值估计					
γ 置信区间	0.292 [0.248, 0.311]	0.577 [0.541, 0.598]	λ 置信区间	0.177 [0.146, 0.224]	0.362 [0.325, 0.381]
第二部分：消费结构升级对绿色创新绩效的影响效应估计					
β_1	0.117*** (5.263)	0.079*** (6.045)	β_1	0.206*** (8.140)	0.102*** (3.766)
β_2	0.395*** (4.176)	0.146*** (7.206)	β_2	0.514*** (4.957)	0.263*** (5.043)
δ	1.802*** (3.849)	1.247*** (3.283)	δ	1.609*** (3.482)	1.566*** (5.229)
GR_{it-1}	0.664*** (4.782)	0.597*** (5.049)	GR_{it-1}	0.869*** (5.127)	0.649*** (5.784)
Trade	0.479*** (7.653)	0.311*** (7.239)	Trade	0.523*** (7.486)	0.369*** (7.830)
Industy	0.072 (1.028)	-0.064 (-1.254)	Industy	0.532 (0.984)	0.118 (1.064)
lnGDP	0.589*** (5.447)	0.463*** (6.295)	lnGDP	0.501*** (4.982)	0.567*** (5.931)
lnHC	0.227*** (4.892)	0.193*** (3.230)	lnHC	0.265*** (5.530)	0.220*** (4.929)
Fin≤γ 样本数	314	381	IRP≤λ 样本数	235	374
Fin>γ 样本数	286	219	IRP>λ 样本数	265	226

注：置信区间为 95% 的置信度，括号内为 t 值，*、** 和 *** 分别表示在 10%、5% 和 1% 水平上显著。

从表 12 - 4 中第（3）列、第（4）列可以看到，消费结构升级对绿色技术开发效率和绿色技术转化效率也均存在以地区知识产权保护为门限的非线性动态作用，30 个省份被划分成低知识产权保护水平区制和高知识产权保护水平区制。对于绿色技术开发效率，知识产权保护水平的门限值为 0.177，而对于绿色技术转化效率，知识产权保护的门限值为 0.362，这表明对于绿色技术转化效率，消费结构升级要发挥作用比绿色技术开发效率更高的知识产权保护水平的门限值。

表 12 - 4 中第（3）列、第（4）列中的斜率门限效应和截距门限效应系数 β_1、β_2、δ 均显著。对于绿色技术开发效率，$\beta_1 = 0.206$、$\beta_2 = 0.514$、$\delta = 1.609$，这说明地区在知识产权保护的低水平区制，消费结构升级对绿色技术开发效率的促进作用要更小，影响系数为 0.206；当知识产权保护水平跨过门限值 0.362 到达高区制后，消费结构升级对绿色技术开发效率促进作用更大，斜率为 0.514。同样地，对于绿色技术转化效率，$\beta_1 = 0.102$、$\beta_2 = 0.263$、$\delta = 1.566$，这说明地区在知识产权保护的低水平区制，消费结构升级对绿色技术转化效率的促进作用相对更小，影响系数为 0.102；当知识产权保护水平跨过门限值 0.177 到达高区制后，消费结构升级对绿色技术转化促进作用得到增强，斜率为 0.263。这些结果也从另外一个角度解释了前文的结论，由于东部省份基本上处于金融发展和知识产权保护水平的高区制，因此东部省份无论是对于绿色技术开发效率还是对于绿色技术转化效率，消费结构升级都发挥了比中西部地区更突出的作用，消费结构升级对绿色创新效率的作用斜率更大。

12.6　研究结论与政策建议

《中共中央 国务院关于完善促进消费体制机制进一步激发居民消费潜力的若干意见》的论断蕴含着消费结构升级促进技术创新，技术创新进一步推动消费结构升级的循环累积的逻辑思路。基于 1998 ~ 2017 年的地区数据，在使用两阶段共享投入 DEA 测度地区绿色创新效率基础上，本章利用空间联立面板模型检验了消费结构升级与地区绿色创新效率之间的空间交互关系。然而，我们的研究表明整体上消费结构升级促进了地区绿色技术开发效率和技术转化效率提升，且存在空间溢出性；但是仅绿色技术转化效率对消费结构升级有显著的反作用，绿色技术开发效率作用不显著。而且比较来看，在互促效应中，消费结构升级占优势地位。分东部地区、中西部地区的检验表明，交互作用存在明显的空间异质性，其中东部地区更突出。进一步使用能够更好地克服自变量与因变量之间的内生性的动态门限面板模型，实证发现，消费结构升级对绿色技术开发效率和绿色技术转化效率存在以地区金融发展和知识产权保护为门限的非线性动态影响，并且比较来看，对绿色技术转化效率作用存在更高的门限值。依据门限值，地区分成高、低两个区制，在高区制，消费结构升级对绿色技术开发效率和绿色技术转化效率均有更强的促进作用。

本部分的政策建议在于：第一，在当前结构性改革中，不能割裂需求侧与供给侧间的互动关系，不仅要重视需求侧改革，促进消费结构升级，应该顺势引导企业进行绿色创新，提升区域绿色技术开发及技术转化效率。而且同时也要注意供给侧对需求侧的反作用，以发挥绿色创新对消费结构升级的引领作用，做到双侧共同发力，助推地区经济和谐、稳步发展。第二，在当今创新型社会构建过程中，政府不仅要制定政策鼓励研究开发，更关键的是要推动企业或科研机构及时将绿色创新思想、技术商品化、产业化。一方面，要完善科技成果交易市场，规范研发成果的交流和推广渠道，让更多的绿色研发成果能够得到商业化的支持；另一方面，利用税收优惠、信贷扶持等手段支持企业将绿色技术开发成果转化，提升地区绿色创新的技术转化效率。第三，要重视消费结构升级及地区绿色创新绩效的空间溢出作用。尽快破除地区之间的市场壁垒，加快地区要素市场建设，促进科技要素的跨地区流通，加强地区之间的科研、经济及环境治理的合作。第四，在利用消费结构升级促进地区绿色创新，特别是在促进绿色技术转化效率提升的过程中，要结合地方的实际情况，尤其是在中西部等金融发展和知识产权保护的低区制省份，必须同时推进地方金融市场改革，促进金融发展，加强知识产权保护，使低区制省区能够向高区制转变，以更好地发挥消费结构升级对绿色创新绩效提升的积极作用。

参考文献

［1］ Abbasi F, Riaz K. CO_2 Emissions and Financial Development in an Emerging Economy: An Augmented VAR Approach ［J］. Energy Policy, 2016, 90 (4).

［2］ Alfaro L, Chanda A, Kalemli – Ozcan S, Sayek S. FDI and Economic Growth: The Role of Local Financial Markets ［J］. Journal of International Economics, 2004, 64 (1).

［3］ Anderson D, Cavendish W. Dynamic Simulation and Environmental Policy Analysis: Beyond Comparative Statics and the Environmental Kuznets Curve ［J］. Oxford Economic Papers, 2001, 53 (4).

［4］ Antweiler W, Copeland B, Taylor M. Is Free Trade Good for the Environment? ［J］. American Economic Review, 2001 (91).

［5］ Arellano M, Bover O. Another Look at the Instrumental Variable Estimation of Error Components Models ［J］. Journal of Econometrics, 1998, 68 (1).

［6］ Andrew C, Mertha H. China's "Soft" Centralization: Shifting Tiao/Kuai Authority Relations ［J］. The China Quarterly, 2005 (9).

［7］ Alshehry A, Belloumi M. Study of the Environmental Kuznets Curve for Transport Carbon Dioxide Emissions in Saudi Arabia ［J］. Renewable and Sustainable Energy Reviews, 2018, 75 (8).

［8］ Acemoglu D, Linn J. Market Size in Innovation: Theory and Evidence from the Pharmaceutical Industry ［J］. Quarterly Journal of Economics, 2004, 119 (3).

[9] Alegre J, Lapiedra R, Chiva R. A Measurement Scale for Product Innovation Performance [J]. European Journal of Innovation Management, 2006, 9 (4).

[10] Banzhaf H, Walsh R. Do People Vote with Their Feet? An Empirical Test of Tiebouts Mechanism? [J]. American Economic Review, 2008, 98 (3).

[11] Baghdadi A, Martinez - Zarzoso C, Zitouna Z. Are RTA Agreements with Environmental Provisions Reducing Emissions? [J]. Journal of International Economics, 2013, 90 (5).

[12] Bartkowska M, Riedl A. Regional Convergence Clubs in Europe: Identification and Conditioning Factors [J]. Economic Modelling, 2012, 29 (3).

[13] Barros C. Efficiency Analysis of Hydroelectric Generating Plants: A Case Study for Portugal [J]. Energy Economics, 2008a, 30 (2).

[14] Barros C, Peypoch N. Technical Efficiency of Thermoelectric Power Plants [J]. Energy Economics, 2008b, 30 (1).

[15] Bauman Y, Lee M., Seeley K. Does Technological Innovation Really Reduce Marginal Abatement Costs? Some Theory, Algebraic Evidence, and Policy Implications [J]. Environmental and Resource Economics, 2008, 40 (3).

[16] Beise M, Renning K. Lead Markets and Regulation: A Framework for Analyzing the International Diffusion of Environmental Innovations [J]. Ecological Economics, 2005, 52 (4).

[17] Bednar J. The Political Science of Federalism [J]. Annual Review of Law and Social Science, 2011 (7).

[18] Blanford G. R&D Investment Strategy for Climate Change [J]. Energy Economics, 2009, 31 (1).

[19] Blundell R, Bond S. Initial Conditions and Moment Restrictions in Dynamic Panel Data Models [J]. Journal of Econometrics, 1998, 87 (1).

[20] Brannlund, R., Ghalwash, T. and Nordström, J. Increased Energy Efficiency and the Rebound Effect: Effects on Consumption and Emissions [J]. Energy Economics, 2007.

[21] Brasington D, Hite D. Demand for Environmental Quality: A Spatial Hedonic Analysis [J] . Regional Science and Urban Economics, 2005, 35 (1) .

[22] Brueckner J. Strategic Interaction among Governments: An Overview of Empirical Studies [J] . International Regional Science Review, 2003, 26 (2) .

[23] Brueckne J. Fiscal Decentralization with Distortionary Taxation: Tiebout vs. Tax Competition [J] . International Tax and Public Finance, 2004, 11 (2) .

[24] Bulte E, List J, Strazicich M. Regulatory Federalism and the Distribution of Air Pollutant Emissions [J] . Journal of Regional Science, 2007, 47 (1) .

[25] Brülhart M, Jametti M. Vertical Versus Horizontal Tax Externalities: An Empirical Test [J] . Journal of Public Economics, 2007 (90) .

[26] Brunnermeier S, Levinson A. Examining the Evidence on Environmental Regulations and Industry Location [J] . Journal of Environment & Development, 2004 (13) .

[27] Buckley, Edward, Rachel Croson. Income and Wealth Heterogeneity in the Voluntary Provision of Linear Public Goods [J] . Journal of Public Economics, 2006, 90 (4-5) .

[28] Baltagi B H, Deng Y. EC3SLS Estimator for a Simultaneous Aystem of Spatial Autoregressive Equations with Random Effects [J] . Econometric Reviews, 2015, 34 (6) .

[29] Camarero M, Castillo J, Picazo-Tadeo A J, Tamarit C. Eco-efficiency and Convergence in OECD Countries [J] . Environmental Resource Economic, 2013, 55 (5) .

[30] Camarero M, Castillo J, Picazo-Tadeo A J, Tamarit C. Is Eco-efficiency in Greenhouse Gas Emissions Converging among European Union Countries? [J] . Empire Economic, 2014, 47 (3) .

[31] Chang H, Sigman H, Traub L. Endogenous Decentralization in Federal Environmental Policies [J] . International Review of Law and Economics, 2014, 37 (4) .

[32] Chen K, Arye L, Hillman A, Qing Y. From the Helping Hand to the Grabbing Hand: Fiscal Federalism and Corruption in China [M] . New Jersey: World Scientific, 2002.

[33] Chen S, Golley J. Green Productivity Growth in China's Industrial Economy [J] . Energy Economics, 2014 (44) .

[34] Chung Y, Färe R, Grosskopf S. Productivity and Undesirable Outputs: A Directional Function Approach [J] . Journal of Environment Management, 1997, 51 (3) .

[35] Cole M. Trade, the Pollution Haven Hypothesis and the Environmental Kuznets Curve: Examining the Linkages [J] . Ecological Economics, 2004, 48 (3) .

[36] Cole M, Fredriksson P. Institutionalized Pollution Havens [J]. Ecological Economics, 2009 (68) .

[37] Cuesta R, Lovell C, Zofio J. Environmental Efficiency Measurement Wtranslog Distance Functions: A Parametric Approach [J] . Ecological Economics, 2009, 68 (2) .

[38] Coelli T, Perelman S. Technical Efficiency of European Railways: A Distance Function Approach [J] . Appl Economics, 1999, 32 (4) .

[39] Costantini V, Crespi F. Environmental Regulation and the Export Dynamics of Energy Technologies [J] . Ecological Economics, 2008, 66 (2) .

[40] Chiu Y B. Carbon Dioxide, Income and Energy: Evidence from a Non-linear Model [J] . Energy Economics, 2018, 61 (1) .

[41] Day K. China's Environment and the Challenge of Sustainable Development [M] . New York: M. E. Sharpe, 2005.

[42] Dasgupta S, Hamilton K, Kiran P, David W. Air Pollution during Growth: Accounting for Governance and Vulnerability [R]. World Bank Policy Research Working Paper, 2004.

[43] Dean J, Mary E, Lovely H, Wang H. Are Foreign Investors Attracted to Weak Environmental Regulations? Evaluating the Evidence from China [R]. World Bank Policy Research Working Paper, 2005.

[44] Diewert W. Exact and Superlative Index Numbers [J]. Journal of Economics, 1976 (4).

[45] Dijkstra B, Fredriksson. Regulatory Environmental Federalism [J]. Annual Review of Resource Economics, 2010 (2).

[46] Elizabeth C. Environmental Enforcement in China In China's Environment and the Challenge of Sustainable Development [M]. Columbia: Columbia Univerisity, 2005.

[47] Elliott E, Ackerman B, Millian J. Toward a Theory of Statutory Evolution: The Federalization of Environmental Law [J]. Journal of Law, Economics, & Organization, 1985, 1 (2).

[48] Elliott E, Seldon B, Regens J. Political and Economic Determinants of Individuals Support for Environmental Spending [J]. Journal of Environmental Management, 1997, 51 (1).

[49] Esty Da, Portor M. Ranking National Environmental Regulation and Performance: A Leading Indicator of Future Competitiveness [R]. World Bank Research Paper, 2002.

[50] Färe R, Grosskopf S, Noh D – W, Weber W. Characteristics of a Polluting Technology: Theory and Practice [J]. Journal of Economics, 2005, 126 (6).

[51] Färe R, Grosskopf S, Norris M, Zhang Z. Productivity Growth, Technical Progress and Efficiency Change in Industrialized Countries [J]. American Economic Review, 1994 (84).

[52] Färe R, Grosskopf S, Pasurka J. Pollution Abatement Activities and Traditional Productivity [J] . Ecological Economics, 2007, 62 (2) .

[53] Färe R, Grosskopf S, Whittaker G. Directional Output Distance Functions: Endogenous Directions Based on Exogenous Normalization Constraints [J] . Journal of Productivity Analysis, 2013, 40 (3) .

[54] Fredriksson P, List J, Millimet D. Corruption, Environmental Policy, and FDI: Theory and Evidence from the United States [J] . Journal of Public Economics, 2003, 87 (1) .

[55] Fredriksson P, List J, Millimet D. Chasing the Smokestack: Strategic Policymaking with Multiple Instruments [J] . Regional Science and Urban Economics, 2003, 34 (7) .

[56] Gantman E, Dabós M. A Fragile Link? A New Empirical Analysis of the Relationship between Financial Development and Economic Growth [J] . Oxford Development Study, 2012, 40 (4) .

[57] Ghisetti C, Rennings K. Environmental Innovations and Profitability: How Does it Pay to Be Green? An Empirical Analysis on the German Innovation Survey [J] . Journal of Cleaner Production, 2014 (15) .

[58] Gilley, B. Breaking Barriers [J] . Far Eastern Economic Review, 2001, 7 (12) .

[59] Greenstone M. The Impacts of Environmental Regulations on Industrial Activity: Evidence from the 1970 and 1977 Clean Air Act Amendments and the Census of Manufactures [J] . Journal of Political Economy, 2002, 110 (6) .

[60] Greenstone M, Moretti E. Bidding for Industrial Plants: Does Winning a "Million Dollar Plant" Increase Welfare [R] . MIT Department of Economics, 2004.

[61] Grossman M, Krueger A B. Economic Growth and the Environment [J] . Quarterly Journal of Economics, 1995, 110 (1) .

[62] Grossman M, Krueger A B. Environmental Impacts of a North American Free Trade Agreement [R]. National Bureau of Economic Research Working Paper, 1991.

[63] Greene W. Reconsidering Heterogeneity in Panel Data Estimators of the Stochastic Frontier Model [J]. Journal of Econometrics, 2005, 126 (2).

[64] Hettige H, M HUQ, D. Wheeler. Determinants of Pollution Abatement in Developing Countries: Evidence from South and Southeast Asia [J]. World Development, 1996, 24 (12).

[65] Hoyt, William. Property Taxation, Nash Equilibrium, and Market Power [J]. Journal of Urban Economics Letters, 1991 (30).

[66] Haq U, Zhu S, Shafiq M. Empirical Investigation of Environmental Kuznets Curve for Carbon Emission in Morocco [J]. Ecological Indicators, 2016, 67 (8).

[67] Hansen B E. Threshold Effects in Non – dynamic Panels: Estimation, Testing, and Inference [J]. Journal of Econometric, 1999, 93 (2).

[68] Israel D, A Levinson. Willingness to Pay for Environmental Quality: Testable Empirical Implications of the Growth and Environment Literature [M]. California: Berkeley Electronic Press, 2004.

[69] Jahiel D, Abigail R. The Organization of Environmental Protection in China [J]. The China Quarterly, 1998 (10).

[70] Jaffe A, Peterson S, Portney P, Stavins R. Environmental Regulation and the Competitiveness of US Manufacturing: What Does the Evidence Tell Us? [J]. Journal of Economic Literature, 1995, 33 (5).

[71] Jacobs J, Jenny E, Hendrik V. Dynamic Panel Data Models Featuring Endogenous Interaction and Spatially Correlated Errors [R]. Discussion Paper Tilburg University: Center for Economic Research, 2009.

[72] Jeppesen, T., J. List and H. Folmer. Environmental Regulations and New Plant Location Decisions: Evidence from a Meta – Analysis [J]. Journal of Regional Science, 2002, 42 (1).

[73] Konings J. The Effects of Foreign Direct Investment on Domestic Firms: Evidence from Firm - level Panel Data in Emerging Economies [J] . Economic Transit, 2001, 9 (3) .

[74] Kukenova M, Monteiro J. Spatial Dynamic Panel Model and System GMM: A Monte Carlo Investigation [R] . Technical Report, 2009.

[75] Kahn J, Yardley J. Choking on Growth [M] . New York: New York Times, 2007.

[76] Kahn M. The Silver Lining of Rust Belt Manufacturing Decline [J] . Journal of Urban Economics, 1999 (46) .

[77] Kahn M, Li P, Zhao D. Pollution Control Effort at China's River Borders: When Does Free Riding Cease? [R] . NBER Working Paper, 2013.

[78] Karen F, Gary H, Ma J, Xu J. Technology Development and Energy Productivity in China [J] . Energy Economics, 2006 (28) .

[79] Khan H, Liu Y. Ecological Economics of Water in China: Towards a Sustainable Water Quality Management Regime [R] . Work Papers, 2007.

[80] Kaneko D, Managi J. Environmental Productivity in China [J]. Economics Bulletin, 2004, 5 (4) .

[81] Konisky D, Woods N. Exporting Air Pollution? Regulatory Enforcement and Environmental Free Riding in the United States [J] . Political Research Quarterly, 2010, 63 (4) .

[82] Konisky D, Woods N. Environmental Free Riding in State Water Pollution Enforcement [J] . State Politics and Research Quarterly, 2012, 12 (3) .

[83] Kremer S, Alexander B, Nautz D . Inflation and Growth: New Evidence from a Dynamic Panel Threshold Analysis [J] . Empir Economy, 2013 (44) .

[84] Lee J, Chen K, Cho C. The Relationship between CO_2 Emissions and Financial Development: Evidence from OECD Countries [J] . Singapore Economic Review, 2015, 60 (5) .

[85] Levinson A, Taylor M. Trade and the Environment: Unmasking the Pollution Haven Hypothesis [J]. Mimeo, University of Georgetown, 2002, 32 (1).

[86] Lo C, Wing H, Gerald E. Governmental and Societal Support for Environmental Enforcement in China: An Empirical Study in Guangzhou [J]. The Journal of Development Studies, 2005, 41 (6).

[87] Lee C, Chang C, Chen P. Energy – income Causality in OECD Countries Revisited: The Key Role of Capital Stock [J]. Energy Economics, 2008, 30 (2).

[88] Lee J, Chen K, Cho C – H. The Relationship between CO_2 Emissions and Financial Development: Evidence from OECD Countries [J]. Singapore Economic Review, 2015, 60 (5).

[89] Lieb C M. The Environmental Kuznets Curve: a Survey of the Empirical Evidence and of Possible Causes [R]. University of Heidelberg – Department of Economies, Discussion Paper Series, 2003.

[90] List J, Bulte E, Shogren J. Thy Neighbor, Testing for Free Riding in State – Level Endangered Species Expenditures [J]. Public Choice, 2002, 111 (3).

[91] List J, Co C. The Effects of Environmental Regulations on Foreign Direct Investment [J]. Journal of Environmental Economics and Management, 2000, 40 (1).

[92] List J, Gerking S. Regulatory Federalism and Environmental Protection in the United States [J]. Journal of Regional Science, 2000, 40 (3).

[93] List J, McHone W, Millimet D. Effects of Air Quality Regulation on the Destination Choice of Relocating Plants [J]. Oxford Economic Papers, 2003a, 55 (6).

[94] List J, McHone W, Millimet D. Millimet, Effects of Environmental Regulation on Foreign and Domestic Plant Births: Is There a Home Field Advantage? [J]. Journal of Urban Economics, 2004, 56 (2).

[95] List J, McHone W, Millimet D, Fredriksson P. Effects of Environmental Regulations on Manufacturing Plant Births: Evidence from a Propensity Score Matching Estimator [J]. Review of Economics and Statistics, 2003b (5).

[96] Lorenzoni I, Pidgeon N. Public Views on Climate Change: European and USA Perspectives [J]. Climatic Change, 2006, 77 (1).

[97] Liu J, Diamond J. China's Environment in a Globalizing World [J]. Nature, 2005 (435).

[98] Long L. Residential Mobility Differences among Developed Countries [J]. International Regional Science Review, 1991, 14 (2).

[99] Lin B, Omoju O, Nwakeze N, Okonkwo J, Megbowon E. Is the Environmental Kuznets Curve Hypothesis a Sound Basis for Environmental Policy in Africa? [J]. Journal of Cleaner Production, 2016, 133 (10).

[100] Ma X, Ortolano L. Environmental Regulation in China: Institution, Enforcement, and Compliance [M]. Lanham: Rowman & Little Field Publishers, 2000.

[101] Mäler F, Vincent J. Handbook of Environmental Economics [M]. Cheltenham: Edward Elgar, 2003.

[102] Managi S, Opaluch D, Thomas A Grigalunas. Environmental Regulations and Technological Change in the Offshore Oil and Gas Industry [J]. Land Economics, 2005 (2).

[103] Millimet D. Assessing the Empirical Impact of Environmental Federalism [J]. Journal of Regional Science, 2003, 43 (3).

[104] Millimet D, Collier T. Efficiency in Public Schools: Does Competition Matter? [J]. Journal of Econometrics, 2008, 145 (1).

[105] Millimet D, List J. A Natural Experiment on the Race to the Bottom Hypothesis: Testing for Stochastic Dominance in Temporal Pollution Trends [J]. Oxford Bulletin of Economics and Statistics, 2003, 65 (3).

[106] Millimet D, Rangaprasad V. Strategic Competition Amongst Public Schools [J] . Regional Science and Urban Economics, 2007, 37 (1) .

[107] Millimet D, Roy J. Three New Tests of the Pollution Haven Hypothesis When Environmental Regulation is Endogenous [R] . IZA DP, 2011.

[108] Murdoch J, Sandler T, Sargent K. A Tale of Two Collectives: Sulfur Versus Nitrogen Oxides Emission Reduction in Europe [J] . Economica, 1997, 64 (4) .

[109] Mueller H, Dennis C. Public Choice [M] . New York: Cambridge University Press, 1989.

[110] Naughton B. How Much Can Regional Integration do to Unify Chinas Market [R] . University of California at San Diego: Working Papers, 1999.

[111] Nourry M. Re – examining the Empirical Evidence for Stochastic Convergence of Two Air Pollutants with a Pair – wise Approach [J] . Environmental Resource Economic, 2009, 44 (2) .

[112] Omri A, Daly S, Rault C, Chaibi A. Financial Development, Environmental Quality, Trade and Economic Growth: What Causes What in MENA Countries [J] . Energy Economic, 2015, 48 (4) .

[113] Ozturk I, Acaravci A. The Long – run and Causal Analysis of Energy, Growth, Openness and Financial Development on Carbon Emissions in Turkey [J]. Energy Economic, 2013, 36 (2) .

[114] Oates W. Fiscal Federalism [M] . New York: Harcourt Brace Jovanovich, 1972.

[115] Oates W. Searching for Leviathan: A Reply and Some Further Reflections [J] . American Economic Review, 1988, 79 (3) .

[116] Oates W. An Essay on Fiscal Federalism [J] . Journal of Economic Literature, 1999, 37 (3) .

[117] Oates W. A Reconsideration of Environmental Federalism [M]. Cheltenham: Edward Elgar, 2002a.

[118] Oates W. Fiscal and Regulatory Competition: Theory and Evidence [J]. Perspektiven der Wirtschaftspolitik, 2002b, 3 (4).

[119] Oates W, Portney P. The Political Economy of Environmental Policy [J]. Discussion Papers, 2001 (2).

[120] Oates W, Robert M, Schwab H. Economic Competition among Jurisdictions: Efficiency Enhancing or Distortion Inducing [J]. Journal of Public Economics, 1988, 35 (1).

[121] OECD. OECD Environmental Performance Reviews – China [M]. Paris: OECD Publishing, 2007.

[122] Oi G, Jean C. The Role of the Local State in China's Transitional Economy [J]. The China Quarterly, 1995 (10).

[123] Olson D, Mancur E. The Logic of Collective Action [M]. Cambridge: Harvard University Press, 1965.

[124] Omri A, Daly S, Rault C, Chaibi A. Financial Development, Environmental Quality, Trade and Economic Growth: What Causes What in MENA Countries [J]. Energy Economic, 2015 (48).

[125] Orea L. Parametric Decomposition of a Generalized Malmquist Productivity Index [J]. Journal of Productivity Analysis, 2002, 18 (1).

[126] Ozturk I, Acaravci A. The Long – run and Causal Analysis of Energy, Growth, Openness and Financial Development on Carbon Emissions in Turkey [J]. Energy Economic, 2013, 36 (2).

[127] Palmer K, Oates W, Portney P R. Tightening Environmental Standards: The Benefit – cost or the No – cost Paradigm? [J]. Journal of Economic Perspectives, 1995, 9 (4): 119 – 132.

[128] Phillips P, Sul D. Transition Modeling and Econometric Convergence Tests [J]. Econometrica, 2007, 75 (6).

[129] Phillips P, Sul D. Economic Transition and Growth [J]. Journal of Applied Econometrics, 2009, 24 (3).

[130] Pan H, Köhler J. Technological Change in Energy Systems: Learning Curves, Logistic Curves and Input – output Coefficients [J]. Ecological Economics, 2007, 63 (4).

[131] Panayotou T. Demystifying the Environmental Kuznets Curve: Turning a Black Box into a Policy Tool [J]. Environment and Development Economics, 1997, 2 (4).

[132] Parsley D, Wei S. Convergence to the Law of One Price without Trade Barriers or Currency Fluctuatio [J]. Quarterthly Journal of Ernnomics, 1996, 111 (1).

[133] Parsley D, Wei S. Explaining the Border Effect; the Role of Exchange Rate Variability [R]. Shipping Coat and Geography, NBER Working Paper, 2000.

[134] Parsley D, Wei S. Limiting Currency Volatility to Stimulate Goods Market Integration; A Price Approach [R]. NBER Working Paper, 2001.

[135] Poncet S. Measuring Chinese Domestic and International Integration [J]. China Ecronomic Review, 2003, 14 (2).

[136] Poncet S. A Fragmented China; Measure and Determinants of Chinese Domestic Market Disintegration [J]. Review of International Economics, 2005, 13 (3).

[137] Porter M. America's Green Strategy [J]. Scientific American, 1991 (2).

[138] Porter M, Claas L. Toward a New Conception of the Environment – Competitiveness Relationship [J]. Journal of Economic Perspectives, 1995, 9 (4).

[139] Pombo C, Taborda R. Performance and Efficiency in Colombia's Power Distribution System: Effects of the 1994 Reform [J] . Energy Economics, 2006, 28 (1) .

[140] Potoski M. Clean Air Federalism: Do States Race to the Bottom? [J]. Public Administration Review, 2001, 61 (3) .

[141] Revesz R. Rehabilitating Interstate Competition: "Rethinking the Race – to – the – Bottom" Rationale for Federal Environmental Regulation [J] . NYU Law Review, 1992, 67 (1) .

[142] Riahia K, Rubinb E, Taylor M. Technological Learning for Carbon Capture and Sequestration Technologies [J] . Energy Economics, 2004, 26 (4) .

[143] Romer P. Endogenous Technological Change [J] . Journal of Political Economy, 1990, 98 (5) .

[144] Sadorsky P. The Impact of Financial Development on Energy Consumption in Emerging Economies [J] . Energy Policy, 2010, 38 (3) .

[145] Spar D, Mure L. The Power of Activism [J] . California Management Review, 2003, 45 (2) .

[146] Samuelson E, Paul H. The Pure Theory of Public Expenditure [J]. Review of Economics and Statistics, 1954, 36 (1) .

[147] SEPA: Pollution Control Requires Accountability [EB/OL] . http: // www. china. org. cn /english/ environment/ 200832. htm, 2007 – 02 – 27.

[148] Sigman H. International Spillovers and Water Quality in Rivers: Do Countries Free Ride? [J] . American Economic Review, 2002 (92) .

[149] Sigman H. Letting the States Do the Dirty Work: State Responsibility for Federal Environmental Regulation [J] . National Tax Journal, 2003, 6 (4) .

[150] Sigman H. Transboundary Spillovers and Decentralization of Environmental Policies [J] . Journal of Environmental Economics and Management, 2005, 50 (3) .

[151] Sigman H. Decentralization and Environmental Quality: An International Analysis of Water Pollution Levels and Variation [J]. Land Economics, 2013, 5 (4).

[152] Steger T, Egli H. A Dynamic Model of the Environmental Kuznets Curve: Turning Point and Public Policy [J]. Sustainable Resource Use and Economic Dynamics, 2007 (2): 17-34.

[153] Stern D. The Effect of Nafta on Energy and Environmental Efficiency in Mexico [J]. The Policy Studies Journal, 2007, 35 (2).

[154] Stern D. The Rise and Fall of the Environmental Kuznets Curve [J]. World Development, 2004, 8 (4).

[155] Sepa S. Pollution Control Requires Accountability [EB/OL]. http://www.china.org.cn/english/environment/200832.htm, 2007-02-27.

[156] Sugiawan Y, Managi S. The Environmental Kuznets Curve in Indonesia: Exploring the Potential of Renewable Energy [J]. Energy Policy, 2016, 98 (11).

[157] Shahbaz M, Solarin S A, Ozturk I. Environmental Kuznets Curve Hypothesis and the Role of Globalization in Selected African Countries [J]. Ecological Indicators, 2017, 67 (8).

[158] Solow R. Contribution to the Theory of Economic Growth [J]. Quarterly Journal of Economics, 1956, 70 (1): 65-94.

[159] Tamazian A, Chousa J, Vadlamannati C. Does Higher Economic and Financial Development Lead to Environmental Degradation: Evidence from the BRIC Countries [J]. Energy Policy, 2009, 37 (1).

[160] Tone K. Dealing with Undesirable Outputs in DEA: A Slacks-based Measure (SBM) Approach [M]. Toronto: Presentation at Napw Ⅲ, 2004.

[161] Tobey J. The Effects of Domestic Environmental Policies on Patterns of World Trade: An Empirical Test [J]. Kyklos, 1990, 43 (2).

[162] Tiebout C. Pure Theory of Local Expenditures [J]. Journal of Political Economy, 1956, 64 (5).

[163] Vandermerwe S, Rada J. Servitization of Business: Adding Value by Adding Services [J]. European Management Journal, 1988, 6 (4).

[164] Vogel G. On the Potential Impacts of Land Use Change Policies on Automobile Vehicle Miles of Travel [J]. Energy Policy, 1995, 29 (2).

[165] Wu J, Xiong B, An Q, Sun J, Wu H. Total - factor Energy Efficiency Evaluation of Chinese Industry by Using Two - stage DEA Model with Shared Inputs [J]. Annals of Operations Research, 2017, 255 (1).

[166] Wang H, David W. Endogenous Enforcement and Effectiveness of China Pollution Levy System [R]. World Bank Research Paper, 2000.

[167] Wang H, David W. Financial Incentives and Endogenous Enforcement in China's Pollution Levy System [J]. Journal of Environmental Economics and Management, 2005, 49 (3).

[168] Wellisch D. Theory of Public Finance in a Federal State [M]. Cambridge: Cambridge University Press, 2000.

[169] Wilson J. Theories of Tax Competition [J]. National Tax Journal, 1999, 52 (2).

[170] World Bank, Cost of Pollution in China: Economic Estimates of Physical Damages [M]. New York: World Bank Publishing, 2007.

[171] Xing Y, Kolstad C. Do Lax Environmental Regulations Attract Foreign Investment? [J]. Environmental and Resource Economics, 2002, 21 (4).

[172] Young A. The Razor's Edge; Distortions and Incremental Reform in China [J]. Quarterly Journal of Economics, 2000, 115 (5).

[173] Ying Y, Gerard R. Federalism and the Soft Budget Constraint [J]. The American Economic Review, 1998, 88 (1).

[174] Zabel J, Kiel K. Estimating the Demand for Air Quality in Four U. S. Cities [J]. Land Economics, 2000, 76 (2).

[175] Zhang Z, Ye J. Decomposition of Environmental Total Factor Productivity Growth Using Hyperbolic Distance Functions: A Panel Data Analysis for China [J]. Energy Economics, 2015, 47 (5).

[176] Zhou P, Ang B, Poh K. Slacks – based Efficiency Measures for Modeling Environmental Performance [J]. Ecological Economics, 2006, 60 (2).

[177] Zhou P, Ang B, Poh K. Survey of Data Envelopment Analysis in Energy and Environmental Studies [J]. European Journal of Operational Research, 2008, 189 (4).

[178] Zhou P, Ang B, Poh K. Measuring Environmental Performance under Different Environmental DEA Technologies [J]. Energy Economics, 2008, 30 (5).

[179] Wang D, Chen W. Foreign Direct Investment, Institutional Development, and Environmental Externalities: Evidence from China [J]. Journal of Environmental Management, 2014, 135 (1).

[180] Zweimüller J. Inequality, Redistribution, and Economic Growth [J]. Empirica, 2000, 27 (1).

[181] Zhang Y. The Impact of Financial Development on Carbon Emissions: An Empirical Analysis in China [J]. Energy Policy, 2011, 39 (1).

[182] 毕克新，杨朝均，隋俊．跨国公司技术转移对绿色创新绩效影响效果评价——基于制造业绿色创新系统的实证研究 [J]．中国软科学，2015 (11).

[183] 白俊红，李婧．政府 R&D 资助与企业技术创新——基于效率视角的实证分析 [J]．金融研究，2014 (3).

[184] 白重恩，杜颖娟，陶志刚，全月婷．地方保护主义及产业地区集中度的决定因素和变动趋势 [J]．经济研究，2004 (4).

[185] 白重恩，陶志刚，全月婷．影响中国各地区生产专业化程度的经济及行政整合的因素 [J]．经济学，2006 (1).

［186］曹卫东，王梅，赵海霞．长三角区域一体化的环境效应研究进展［J］．长江流域资源与环境，2012（12）．

［187］崔亚飞，刘小川．中国省级税收竞争与环境污染——基于1998—2006年面板数据的分析［J］．财经研究，2010（4）．

［188］蔡强，田丽娜．技术创新与消费需求的耦合协调发展——基于东北老工业基地的研究［J］．经济问题，2017（9）．

［189］邓明．中国地区间市场分割的策略互动研究［J］．中国工业经济，2014（2）．

［190］邓晓兰，鄢哲明，杨志明．中国城市环境与市场效率的区域差异及影响因素［J］．城市问题，2013（8）．

［191］邓线平．消费促进技术创新的成因及途径分析［J］．科学技术与辩证法，2006（1）．

［192］付强，乔岳．政府竞争如何促进了中国经济快速增长：市场分割与经济增长关系再探讨［J］．世界经济，2011（7）．

［193］付帼，卢小丽，武春友．中国省域绿色创新空间格局演化研究［J］．中国软科学，2016（7）．

［194］樊纲，王小鲁等．中国各地区市场化相对进程报告［J］．经济研究，2003（3）．

［195］桂琦寒，陈敏，陆铭等．中国国内商品市场趋于分割还是整合：基于相对价格法的分析［J］．世界经济，2006（2）．

［196］何磊．中央地方财权事权分不清地方保护文件横行国内市场［N］．中国青年报，2004－06－22.

［197］黄新飞，郑华懋．区域一体化、地区专业化与趋同分析［J］．统计研究，2010（1）．

［198］郝宇，廖华，魏一鸣．中国能源消费和电力消费的环境库兹涅茨曲线：基于面板数据空间计量模型的分析［J］．中国软科学，2014（1）．

［199］黄佩华，迪帕克．中国：国家发展与地方财政［M］．北京：中信出版社，2003.

［200］李旭．绿色创新相关研究的梳理与展望［J］．研究与发展管理，2015.

［201］李善同，侯永志，刘云中，陈波．中国国内地方保护问题的调查与分析［J］．经济研究，2004（11）．

［202］李善同，刘云中，陈波．中国国内地方保护问题的调查与分析——基于企业问卷调查的研究［J］．经济学报，2006（1）．

［203］李静．中国区域环境效率的差异与影响因素研究［J］．南方经济，2009（12）．

［204］李文秀，夏杰长．基于自主创新的制造业与服务业融合：机理与路径［J］．南京大学学报（哲学·人文科学·社会科学版），2012（2）．

［205］林毅夫，刘培林．地方保护和市场分割：从发展战略的角度考察［R］．北京大学中国经济研究中心工作论文，2004.

［206］刘慧媛．能源、环境与区域经济增长研究［D］．上海：上海交通大学，2013.

［207］刘生龙，胡鞍钢．交通基础设施与中国区域经济一体化［J］．经济研究，2011（3）．

［208］陆铭，陈钊．中国区城经济发展中的市场整合与工业集聚［M］．上海：上海三联书店，上海人民出版社，2006.

［209］陆铭，陈钊．分割市场的经济增长：为什么经济开放可能加剧地方保护［J］．经济研究，2009（3）．

［210］路江涌，陶志刚．区域专业化分工与区域间行业同构——中国区域经济结构的实证分析［J］．经济学报，2010（3）．

［211］李达，王春晓．我国经济增长与大气污染物排放的关系——基于分省面板数据的经验研究［J］．财经科学，2007（2）．

[212] 李猛．财政分权与环境污染——对环境库兹涅茨假说的修正[J]．经济评论，2009（5）．

[213] 林毅夫，刘志强．中国的财政分权与经济增长［J］．北京大学学报，2000（4）．

[214] 李永友，沈坤荣．我国污染控制政策的减排效果——基于省际工业污染数据的实证分析［J］．管理世界，2008（7）．

[215] 李胜兰，初善冰，申晨．地方政府竞争、环境规制与区域生态效率［J］．世界经济，2014（4）．

[216] 鲁钊阳，廖杉杉．FDI 技术溢出与区域创新能力差异的双门槛效应［J］．数量经济技术经济研究，2012（5）．

[217] 李静．中国区域环境效率的差异与影响因素研究［J］．南方经济，2009（12）．

[218] 林志鹏．区域一体化影响经济增长的空间计量研究［D］．广州：华南理工大学，2013.

[219] 雷玉桃，黄丽萍，张恒．中国工业用水效率的动态演进及驱动因素研究［J］．长江流域资源与环境，2017（2）．

[220] 刘钢，吴蓉，王慧敏，黄晶．水足迹视角下水资源利用效率空间分异分析——以长江经济带为例［J］．软科学，2018（10）．

[221] 李雪松，孙博文．长江中游城市群区域一体化的测度与比较[J]．长江流域资源与环境，2013（8）．

[222] 李子联，朱江丽．收入分配与自主创新：一个消费需求的视角［J］．科学学研究，2014（12）．

[223] 马兴元，刘会荪．论我国地方市场分割与地方保护主义［J］．国家行政学院学报，2002（4）．

[224] 聂洪光．中国能源消费增长的问题及对策研究［D］．长春：吉林大学，2014.

[225] 彭水军，张文城，曹毅．贸易开放的结构效应是否加剧了中国的环境污染［J］．国际贸易问题，2013（8）．

[226] 平新乔．政府保护的动机与效果——一个实证分析［J］．财贸经济，2004（5）．

[227] 乔宝云，范剑勇，冯兴元．中国的财政分权与小学义务教育［J］．中国社会科学，2005（6）．

[228] 孙皓，胡鞍钢．城乡居民消费结构升级的消费增长效应分析［J］．财政研究，2013（7）．

[229] 申广军，王雅琦．市场分割与制造业企业全要素生产率［J］．南方经济，2015（4）．

[230] 沈立人，戴园晨．我国诸侯经济的形成及其弊端和根源［J］．经济研究，1990（3）．

[231] 邵汉华，杨俊，廖尝君．环境约束下的中国城市增长效率实证研究［J］．系统工程，2015（6）．

[232] 孙小羽，臧新．中国出口贸易的能耗效应和环境效应的实证分析［J］．数量经济技术经济研究，2009（4）．

[233] 孙才志，姜坤，赵良仕．中国水资源绿色效率测度及空间格局研究［J］．自然资源学报，2017（12）．

[234] 孙早，许薛璐．产业创新与消费升级：基于供给侧结构性改革视角的经验研究［J］．中国工业经济，2018（7）．

[235] 涂正革，肖耿．中国的工业生产力革命——用随机前沿生产模型对中国大中型工业企业全要素生产率增长的分解及分析［J］．经济研究，2005（3）．

[236] 涂正革，肖耿．中国工业增长模式的转变［J］．管理世界，2006（10）．

[237] 陶长琪，齐亚伟．中国全要素生产率的空间差异及其成因分析［J］．数量经济技术经济研究，2010（1）．

［238］王惠，王树乔，苗壮，李小聪．研发投入对绿色创新效率的异质门槛效应——基于中国高技术产业的经验研究［J］．科研管理，2016（2）．

［239］王彩明，李健．中国区域绿色创新绩效评价及其时空差异分析——基于2005—2015年的省际工业企业面板数据［J］．科研管理，2019（6）．

［240］王滨．FDI技术溢出、技术进步与技术效率——基于中国制造业1999—2007年面板数据的经验研究［J］．数量经济技术经济研究，2010（2）．

［241］王兵，吴延瑞，颜鹏飞．中国区域环境效率与环境全要素生产率增长［J］．经济研究，2010（5）．

［242］王庆石，张国富，吴宝峰．出口贸易技术外溢效应的地区差异与吸收能力的门限特征［J］．数量经济技术经济研究，2009（11）．

［243］王志平．生产效率的区域特征与生产率增长的分解——基于主成分分析与随机前沿超越对数生产函数的方法［J］．数量经济技术经济研究，2010（1）．

［244］翁智雄，马忠玉，葛察忠，蔡松锋，程翠云，杜艳春．不同经济发展路径下的能源需求与碳排放预测——基于河北省的分析［J］．中国环境科学，2019（8）．

［245］吴军．环境约束下中国地区工业全要素生产率增长及收敛分析［J］．数量经济技术经济研究，2009（11）．

［246］谢小平．消费结构升级与技术进步［J］．南方经济，2018（7）．

［247］熊灵，齐绍洲．金融发展与中国省区碳排放——基于STIRPAT模型和动态面板数据分析［J］．中国地质大学学报（社会科学版），2016（2）．

［248］行伟波，李善同．地方保护主义与中国省际贸易［J］．南方经济，2012（1）．

［249］徐现祥，李郇，王美今．区域一体化、经济增长与政治晋升［J］．经济学（季刊），2007（4）．

［250］谢建国，周露昭．进口贸易、吸收能力与国际 R&D 技术溢出：中国省区面板数据的研究［J］．世界经济，2009（9）．

［251］许广月，宋德勇．中国碳排放环境库兹涅茨曲线的实证研究——基于省域面板数据［J］．中国工业经济，2010（5）．

［252］许广月．碳排放收敛性 ：理论假说和中国的经验研究［J］．数量经济技术经济研究，2010（9）．

［253］许广月．碳强度俱乐部收敛性：理论与证据［J］．管理评论，2013（4）．

［254］许和连，栾永玉．出口贸易的技术外溢效应：基于三部门模型的实证研究［J］．数量经济技术经济研究，2007（8）．

［255］徐圆，陈亚丽．国际贸易的环境技术效应——基于技术溢出视角的研究［J］．中国人口·资源与环境，2014（1）．

［256］严成樑，李涛，兰伟．金融发展、创新与二氧化碳排放［J］．金融研究，2016（1）．

［257］应瑞瑶，周力．外商直接投资、工业污染与环境规制——基于中国数据的计量经济学分析［J］．财贸经济，2006（1）．

［258］殷群，程月．我国绿色创新效率区域差异性及成因研究［J］．江苏社会科学，2016（2）．

［259］于良春．转轨时期中国反行政性垄断与促进竞争政策研究［R］．山东大学反垄断与竞争政策研究中心工作论文，2007.

［260］喻闻，黄季焜．从大米市场整合程度看中国粮食市场改革［J］．经济研究，1998（3）．

［261］余东华，刘运．地方保护和市场分割的测度与辨析［J］．世界经济文汇，2009（1）．

［262］杨瑞龙，章泉，周业安．财政分权、公众偏好和环境污染——来自中国省级面板数据的证据［R］．中国人民大学经济学院经济所宏观经济报告，2007.

［263］银温泉，才婉如．我国地方市场分割的成因与治理［J］．经济研究，2001（6）．

［264］姚洋，章奇．中国工业企业技术效率分析［J］．经济研究，2001（10）．

［265］杨俊，邵汉华．环境约束下的中国工业增长状况研究——基于Malmquist－Luenberger 指数的实证分析［J］．数量经济技术经济研究，2009（9）．

［266］杨骞，刘华军．中国烟草产业行政垄断及其绩效的实证研究［J］．中国工业经济，2009（4）．

［267］易靖韬．企业异质性、市场进入成本、技术溢出效应与出口参与决定［J］．经济研究，2009（9）．

［268］易靖韬，傅佳莎．企业生产率与出口：浙江省企业层面的证据［J］．世界经济，2011（5）．

［269］Poncet S. 中国市场正在走向“非一体化”？——中国国内和国际市场一体化程度的比较分析［J］．世界经济文汇，2002（1）．

［270］朱玉杰，倪骁然．金融规模如何影响产业升级：促进还是抑制？［J］．中国软科学，2014（4）．

［271］郑毓盛，李崇高．中国地方分割的效率损失［J］．中国社会科学，2003（1）．

［272］钟昌标．转型期中国市场分割对国际竞争力的影响研究［M］．上海：上海人民出版社，2005.

［273］张凌云，齐晔．地方环境监管困境解释：政治激励与财政约束假说［J］．中国行政管理，2010（3）．

［274］张晏，龚六堂．分税制改革、财政分权与中国经济增长［J］．经济学（季刊），2005（1）．

［275］张庆宇，张雨龙，潘斌斌．改革开放40 年中国经济增长与碳排放影响因素分析［J］．干旱区资源与环境，2019（10）．

［276］周黎安．晋升博弈中政府官员的激励与合作——兼论我国地方保护主义和重复建设长期存在的原因［J］．经济研究，2004（6）．

［277］张宇．FDI 技术外溢的地区差异与吸收能力的门限特征——基于中国省际面板数据的门限回归分析［J］．数量经济技术经济研究，2008（1）．

［278］张宇，蒋殿春．FDI、环境监管与工业大气污染——基于产业结构与技术进步分解指标的实证检验［J］．国际贸易问题，2013（7）．

［279］张建华，欧阳轶雯．外商直接投资、技术外溢与经济增长——对广东数据的实证分析［J］．经济学（季刊），2003（3）．

［280］张虎，韩爱华．制造业与生产性服务业耦合能否促进空间协调［J］．统计研究，2019（1）．

［281］张利华，徐晓新．区域一体化协调机制比较研究［J］．中国软科学，2010（5）．

［282］张丽亚．区域一体化进程中的金融稳定探讨［J］．软科学，2009（8）．

［283］踪家峰，周亮．市场分割、要素扭曲与产业升级［J］．经济管理，2013（1）．

［284］邹武鹰，许和连，赖明勇．出口贸易的后向链接溢出效应［J］．数量经济技术经济研究，2007（7）．

［285］邹卫星，周立群．区域经济一体化进程剖析：长三角、珠三角与环渤海［J］．改革，2010（10）．

［286］朱红根，卞琦娟，王玉霞．中国出口贸易与环境污染互动关系研究［J］．国际贸易问题，2008（5）．

［287］周杰琦，汪同三．地区经济增长与碳强度差异的收敛性及其机理［J］．社会科学研究，2014（5）．